NLP:
自我转变的惊人秘密

[美]理查德·班德勒 _ 著
胡尧 李奕萱 _ 译

图书在版编目（CIP）数据

NLP：自我转变的惊人秘密／（美）班德勒著；胡尧，李奕萱译．－－北京：华夏出版社，2015.3（2025.3重印）

书名原文：Get the life you want

ISBN 978-7-5080-8128-1

Ⅰ．①N… Ⅱ．①班… ②胡… ③李… Ⅲ．①成功心理－通俗读物 Ⅳ．①B848.4-49

中国版本图书馆CIP数据核字(2014)第109209号

Get the Life You Want by Richard Bandler
Copyright © 2009 Richard Bandler
Simplified Chinese Translation Copyright © 2011 by Huaxia Publishing House

版权所有，翻印必究。
北京市版权局著作权合同登记号：图字 01-2009-4657

NLP：自我转变的惊人秘密

作　　者：	[美]理查德·班德勒
译　　者：	胡　尧　李奕萱
责任编辑：	朱　悦
责任印制：	刘　洋
出版发行：	华夏出版社有限公司
经　　销：	新华书店
印　　刷：	三河市少明印务有限公司
装　　订：	三河市少明印务有限公司
版　　次：	2015年3月北京第1版 2025年3月北京第12次印刷
开　　本：	880×1230　1/32开
印　　张：	7.25
字　　数：	137千字
定　　价：	36.00元

华夏出版社有限公司
网址：www.hxph.com.cn 地址：北京市东直门外香河园北里4号 邮编：100028
若发现本版图书有印装质量问题，请与我社营销中心联系调换。电话：（010）64663331（转）

献给我一生的至交——约翰和凯瑟琳·拉斐尔。

献给罗伯特·史皮瑟,感谢他给我如此多帮助让我开始这一切。

目录

译序：用神奇的大脑思考大脑的神奇　001
推荐序：穿越障碍、释放潜能　008
推荐序：改变比你想象的容易得多！　010
序　014
导言　016

一　获得你的心智清单　001

你的无意识的威力　002
思想的元素　005
经营你的大脑　010
 如何感觉很棒　011
 转变不良感觉　012
建立新的信念　014
 发现你是如何确信的　017
 信念转变的技巧　021

你的心理是这样解码时间的　023
　　　　发现你的时间线　024

二　超越之道　027
超越无益的建议　029
　　超越消极的建议　033
　　接受更好的建议　035
超越恐惧和害怕　037
　　"受够了、够了"模式　039
　　快速治愈恐惧症　041
　　用笑来战胜恐惧　043
　　逆转焦虑　046
超越不堪回首的记忆　052
　　改变你的痛苦记忆　055
　　换一种心情面对昨日重现　058
超越悲痛　060
　　超越悲痛的练习　063
超越不和谐的人际关系　064
　　放下爱　069
超越错误的决策　071
　　消除错误想法　072
　　转变你的心情　073
　　做出优良决策　078

三　穿越之道　081
穿越习惯和强迫行为　083

　　　　　　怎样戒烟　086
　　　　　　改变你的渴望　088
　　　　　　练习更加有决心　093
　　　身体康复　096
　　　　　　决心康复的练习　100
　　　　　　经历放弃　101
　　　坚　持　103
　　　经历生命大事件　106
　　　　　　特殊时刻贴士　108
　　　如何通过考试和面试　110
　　　　　　做一场优秀的面试　111
　　　　　　通过考试的练习　113
　　　完成义务　114
　　　　　　如何让时间过得更快　117
　　　　　　如何对你不喜欢的任务保持愉悦　119

四　彰显之道　121

　　　获得快乐　123
　　　　　　让事情变得有趣　124
　　　拥有爱　126
　　　　　　更好的性爱　128
　　　　　　爱更浓的练习　128
　　　　　　做坚持到底的决定　130
　　　　　　变得更宽容的练习　131
　　　　　　你的生命里有更多爱　131
　　　与人交际　133

变得更有动力 134
与他人交往感觉舒适 136
调情小贴士 138
处理好重要的义务 139
改变你对某事的感觉 142
完成纳税 144
乐意学习 145
乐意锻炼 147
用语言激励你自己 149
如何保持日常锻炼 150
变得更加有条理 152
变得更有条理的练习 155
赚取更多的财富 156
赚更多钱的练习 159
做好重大决策 161
做好人生的决定 165
旅游小贴士 165
尾　声 167
词汇表 170

用神奇的大脑思考大脑的神奇

人类至今没有完全搞明白大脑是如何运作的。

对于我们来说，大脑一直是神奇的。

然而在约莫50年前，有两位天才人物以他们天才的模仿能力和创造力，开创整合出了一门神奇的学问，这就是研究大脑的运作原理——NLP［Neuro Linguisitic Programming 神经语言程序学或身心语言程式学］！本书就是这两位天才中更为多产和更具有创造性的创始人——理查德・班德勒2008年的最新作品。

NLP自创立至今，已经走过了近半个世纪的风风雨雨，它像是奥运圣火，在全球迅速传播开来。每一个接触并理解它的人，都会立刻感受到NLP的神奇，大脑的神奇！

NLP通常被誉为——大脑操作说明书。这意味着什么呢？

这意味着你可以通过NLP掌握你大脑运作的规律，它还意味着更多：

自我转变的惊人秘密

你可以更快更好地学习！（善用自己的表象系统 VAK）

你可以更好更有效地休息！（如何自我催眠、自我放松）

你可以更好更系统性地思考！（时间线及神经逻辑层次的卓越思考）

你可以更快更自然地和他人交流！（快速契合他人的先跟后带技巧）

你可以信心满满，干劲十足地实现梦想！（时间线及双向趋向策略的运用）

……

说到大脑，我们不得不说说电脑。被誉为"计算机之父"的天才人物冯·诺伊曼（John von Neumann），提出了这样的计算机体系结构：输入设备、存储设备、控制设备、运算设备及输出设备。计算机的运转最重要的一块就是中央处理器，通常称之为CPU。它是计算机控制和运算得以实现的不可或缺的部件。

人脑的运作更像是这样一个超级 CPU。更精确地说，NLP 就是优化大脑 CPU 的操作说明书。

这意味着，我们的大脑都是以控制和运算记忆信息来处理事情的。它同样意味着，大脑处理信息是实时性的。换句话说，所有的情况都是当下的情况，所有的问题都是当下的问题，也只能在当下解决，这是作者理查德·班德勒在本书中反复强调的一点！

NLP 像一个超级显微镜和超级播放控制器。它能放大我们大

用神奇的大脑思考大脑的神奇

脑里运作的任何一个记忆的微小细节,并能以超慢速来定格记忆,也能以超快速来抹除记忆。因此,在心理治疗上,它并不针对事情的过程去作处理,也并不需要去了解当事人的隐私经历,只要简明扼要地表达出当事人此刻当下的困扰,大脑里所呈现的图像、声音或体内的感受,在 NLP 执行师的指导下,对图像、声音及体内的感受做相应的艺术化处理。当事人的状况就能在短短的半小时甚至几分钟内得到天翻地覆的改变。

NLP 是两位创始人不满于传统心理治疗冗长繁复的过程而发展出来的。因此,NLP 的特点就是快速有效!它并不跟你"讲道理",这并不意味着它"没道理",反而是它具有更深、更普遍、更有效的"大道理"。

NLP 最有趣的地方就是,它有一系列奇怪的"前提假设"。之所以说是"假设",是因为以两位创始人的洞见来看,这个世界上并没有绝对真实的概念。这一点跟《金刚经》里提到的"一切有无法,如梦幻泡影,如露亦如电,应作如是观。"颇有异曲同工之妙。

本书的翻译过程,是我的一趟神奇之旅。不只是让我看到作者如何娴熟地运用 NLP 的技法来处理各种各样的生活难题,还因为在我自己的生活中,同步性地发生了一些奇特的事情,更加深了我对 NLP 的理解。

在本书翻译接近尾声的时候,我有幸参加了李子政先生在深

自我转变的惊人秘密

圳开办的 NLP 课程。在短短的两天课程里,以前从书面上所了解的 NLP 一下子鲜活起来。猛然间,所有过去对 NLP 的困惑和不解也豁然"开悟"。原来实际体验课程,竟然有如此神奇的效果。

在这两天里,我和其他学员见证了很多"奇迹"的发生。李子政老师生动有趣的讲述和现场多方面、多层次的实际演练,让我们彼此体会到 NLP 的神奇与乐趣。

也因此,我不得不就我所了解的心理治疗和 NLP 做一个小小的对比。

	传统心理治疗、心理咨询	NLP
学科特性	兼容性差,排他性强,局限,狭隘	兼容性强,拓展性强,可持续发展
对来访者的"处理过程"	填表,详谈,追根究底,挖掘隐私,分析总结。	只针对来访者大脑此刻的信息做一些处理。
周期	漫长,数个月乃至数年	短暂,几分钟,几十分钟内
效果	不保证效果,复发性高	几乎立刻见效,效果持久
副作用	来访者容易对咨询师移情,纠缠不清,很容易让咨询师越界。	来访者能学会自我优化,自我调理。
长期来看	顶多让你成为一个"标准"的"正常人"。(不知所以的标准)	复制卓越。美梦成真。(有策略,有方法,有动力,有行动,有结果)

用神奇的大脑思考大脑的神奇

这里并非要打击心理治疗或心理咨询,只是在提醒大家,它们有很大的不同。依我个人的看法,心理治疗/心理咨询和 NLP 应该算作是两个领域的学问。

心理治疗是针对让人恢复正常,或针对解决人们存在的困扰而发展出来的学问。

NLP 则是针对人如何能更好或更加卓越而发展出来的学问。

也就是说,它们根本上就是两个不同方向的学问。然而 NLP 具有更大的兼容性。它兼容了心理治疗的功能,而且更加优秀。

本书的章节安排就非常明显地体现了这一兼容性。前两章,着重叙述了 NLP 是如何处理我们生活中常遇到的一些心理上的问题。后两章,则教我们发展出更加美好卓越生活的技巧。

在实现梦想方面,本书也给出了很多具有实践性的技巧。翻译过程中,我不得不惊叹,很多之前在学习"吸引法则"时接触的技法,这本书中有更为详备的论述,作者理查德·班德勒以其深厚的心理学素养,将大脑运作的细节向我们展露无遗。他所阐述的"心想事成"的步骤更为科学,更有实操性。

聪明的读者还可以将本书中提到的技巧灵活地运用到自己的生活中,让自己的生活更为丰富,更有乐趣,更加幸福!

我和好友李奕萱女士用了近七个月的时间,合作完成了本书的翻译。在此期间我的收获非常多,非常大。

自我转变的惊人秘密

天公作美,我在 2009 年 11 月份下旬又赶巧上了李子政先生的三天二夜的"NLP 卓越领导力"。此次课程给我震撼非常非常之大。上到第二天下午,我内在有一股很强的能量升起。怎么回事呢?

在"NLP 卓越领导力"的课堂上,我们可以随时提问,随时就不懂和难以理解的观点发表看法。在与子政老师这种及时的对答中,某些思维上的局限性会突然"桶底脱落"(禅宗里常用的比喻。一个人的无明状态就像透过一个黑漆漆的桶朝外看,看到的也是黑漆漆的。可是开悟之后不断绵密"保任",不断用功观照,会有一天那个桶的桶底一下子掉落,于是就能看到一片光明)。

尤其在课程进行到 NLP 的前提假设环境,第 4 条"地图不是实际的疆域,或只有感官经验塑造出来的世界,没有绝对真实的世界"。这个前提假设让很多人都困惑了,或者说一知半解。一个明显的分歧是,对于同样一本书,它会不会因为我闭上眼睛,没有摸到,它就不存在了呢?最后,李子政老师用了一个巧妙的比喻解答了这个疑问。**说完后,有同学竟然有"本来无一物,何处惹尘埃"的顿悟感慨。**

上完"NLP 卓越领导力"的课程,我发现它跟禅宗的思想是那么的神似。

简单地说,NLP 是基于复制的学问。它所有的理论知识都是从已经存在的"天才"人物们那里提取,然后复制到学习 NLP 的

用神奇的大脑思考大脑的神奇

人身上的。它是基于对信息线性化有序处理的结果。

最后，我想感谢一些人，感谢朱悦女士引介这本书让我翻译。感谢李奕萱女士在我后期完成的时候参与到翻译校对的工作中，让本书的翻译更快更好。感谢深圳市儒释道文化传播机构的总裁李泽钧，是他以伯乐的胸怀，让我有机会接触国家心理咨询师，又有机会上李子政老师的课程。感谢李子政老师，他是我NLP的启蒙导师。这些让我对NLP的理解更为深入和透彻，对本书的翻译具有决定性的意义。感谢在此过程中不断鼓励并期待着的同学和朋友们。现在终于出活了！新的生活开始了……

胡尧（Zok）
2009 年 12 月 13 日于深圳福田

Zok 的新浪博客 http://blog.sina.com.cn/zaracarya
Zok 的 Email：ratspy@163.com

穿越障碍、释放潜能

许多年前,一部手机不但售价昂贵,难以使用,而且同一块小砖头那么大。然而现在很多手机都小到可以放在你的掌心,你不但可以用来打电话,还能阅读邮件、网上冲浪甚至可以看电视。

同样,理查德·班德勒的人生志业已经深刻地转变了我们对自己大脑潜能的认知。在我看来,他是现今活跃在个人转变领域里最具创造性的天才。

何以见得,你只要看看 NLP,这个他在 40 多年前建立起来的领域。现在,只是简单地应用理查德开发出来的这些技巧,大多数的恐惧症都能在不到一个钟头的时间里被彻底消弭,而日常的忧郁则可以在数分钟乃至数秒钟里被根除。

更精彩的是,理查德的"心理学技巧"可以用于消除广泛存在于任何人通往幸福快乐之旅上的障碍。本书是理查德许多顶尖

穿越障碍、释放潜能

技巧萃取后的精华。你可以用来处理你自己的个人问题,无论这些困难看起来多么不可逾越,同时释放你真正的潜能。

这些年我见证了理查德·班德勒帮助过成千上万的人们转变了他们的生活。现在,通过这本书,你同样获得了这样的机会!

很快你就会发现,不论你在做什么或是在处理什么,本书都将帮助你解脱束缚,穿越障碍,彰显成果!

保罗·麦肯纳

【保罗·麦肯纳博士曾是一位广受听众欢迎的电台主持,后来成为一名成功的心理放松专家,同时还是一名励志类畅销书作家。曾被《伦敦时报》评选为"当代世界上最有影响力的权威人士"。他研究了世界上许多相当成功且具有影响力的人,发现成功与快乐并不是偶然地出现在某些人的身上,它们是在深思熟虑与努力下产生的。】

改变比你想象的容易得多！

在过去的35年里，理查德·班德勒已经在全球的许多工作坊里，教会人们去发现个人转变神奇背后的秘密。在这本最新的书里，他以简单易懂的方法，与世人分享着他的思想。

对我这名心理学家来说，随着时间流逝，我们越来越认识到，在转变心理学领域，最新的研究发现总是步了理查德的后尘。我们直到现在才开始接受：转变的发生远比我们早先以为的更快、更容易。

在20世纪70年代早期，理查德·班德勒与约翰·格林德合作创立了NLP学说，即神经语言程序学。此后，理查德继续深化他的思想，极尽其可能性。最终，他的成果在全球的教育体系、大学、医院和商业界被广泛传播。NLP带给了我们对人类自身革命性的认识，让我们知道：当我们了解了自己的思维，我们将有无限可能去实现宏大的愿景。

改变比你想象的容易得多！

理查德以其个性独特的风格，专注于个人转变领域，给我们提供了层出不穷的技巧，让我们最终获得永久的转变。本书是理查德迄今为止写过的最为实用的一本，可以预见，它将会引发一次全球性的转变。参加过 NLP 训练的学员将会从本书中受益良多，它简单易操作，你可以即刻实践，并能产生永久的效果，这是本书的真正魅力所在。

尽管在个人转变领域有成千上万的演讲者，理查德却一直独树一帜并独领风骚。他助人转变的能力，跟他的幽默感和创造性的天赋一样，都是无与伦比的。

在过去的 35 年里，理查德曾经把本书中的技巧运用到他的个案身上，帮助他们克服困难并获得了理想的结果。

当我给世界上成千上万不同类型的人们处理了五花八门的问题之后，我发现人们之所以难以改变的最大障碍就是他们自己的心智，尤其是他们的信念。我们都被教育说，改变是很难的，转变需要付出巨大的努力和大量的时间。我经常发现这一点不足为信。

有时候，人们沉溺在自己的困扰当中，那是因为他们想体验独特感或重要感。他们的困扰给了他们这种身份。他们乐于成为这个世界的受害者。他们千方百计地去证明：他们是无可救药的，没有任何方式可以拯救他们。这些年，要是说我从理查德这里学到了什么的话，就我而言，那就是没有什么是无可救药的。希望总在

自我转变的惊人秘密

转角,无论如何我们总能走出来。你能掌控你的信念,你将不再走以前的老路。你可以相信自己有能力获得解脱、穿越障碍,并彰显圆满。你会看到,转变的过程远比你想象的要容易得多。

人们裹足不前的另外一个重要因素是:他们认为自己的问题永远会存在。他们担心任何的转变都会随时间而逝去。事实远非如此。实际上,就我们的思想和行动而言,我们习得了一些限制性的、毫无意义的行为和观念。好消息是,你可以从你的问题里经验到自由。转变不会消逝,只要你坚持异想天开,那么你就真的能美梦成真。

本书的内容既不是一堆阐述我们生活为何困难重重的复杂理论,也非一堆我们生活难以改变的种种原因的清单。相反,书中给出的全是你可以马上运用,立刻解决你人生困扰的利器,以及实现你人生梦想的技法。理查德·班德勒在这本书里所分享的一切,让我们觉得人生有了盼头!

人们出了很多 NLP 领域的著作,还教导和演示了 NLP 的技巧——而这其中大部分的观点都源自理查德。本书的内容,来自 NLP 的源头活水——这位富有创造性的天才。透过理查德的个人故事和他给出的个案经历,你能洞见到他是如何处理问题的,你会看出他的坚持不懈、坚强有力和超级多元化的幽默感。

为了让你自己从本书中学到更多,请你务必把这些练习统统做完。你会发现自己可以解决本书涉及的所有问题。此外,本书

改变比你想象的容易得多！

还将帮助你走上你所憧憬的生活旅程。

就我而言，人们所面临的最大考验是要学习如何不再走老路。如果你懂得转变是多么的容易，你就能开始掌控你的生活，并作出你要的转变——但是你需要行动。因此实践本书中的练习和技巧非常重要。如果你真的这么做了，你会有所收获。如果没有，当然就一无所获。就是这样。

这让我想起了一个国王和鹅卵石的故事。从前，有位国王把一块巨大的鹅卵石放在了一条路的中央。然后他就躲起来观察是否有人会去搬开它。他的一些朝臣和富商们路过这里，都绕行而过。还有些人发起了国王的牢骚，为什么不把这石头搬走，可就是没有人动手。

一位农夫挑着一担蔬菜路过这里，走到鹅卵石旁边的时候，他放下了肩上的担子，并试着去搬动这块巨大的鹅卵石。在数次竭尽全力地推动之后，他终于成功地把它推到路旁了。

当农夫再挑起担子的时候，他发现鹅卵石原来所在的地方有一个钱包。包里有许多金币，还有一张国王留下的字条，上面写着："这些金币送给搬开这块鹅卵石的人。"

我们都有机会去处理我们生活中的鹅卵石。本书将告诉你，学习如何移开生命中的鹅卵石，并发现你未来自由之路上的宝藏。

欧文·弗茨帕陲克

序

我创立行为科学已经四十年了。在20世纪70年代开创之初，心理学领域的那些治疗专家和医师们还在为谁掌握的是正确的方法而争论不休。这种争论在我看来毫无意义。超过50多个院校的不同理论和应用体系都不能给出一个始终如一的说法。我出生在信息科学发展的早期，我的身份是数学家和科学家。因此我会以不同的眼光来看待心理学。

我从不寻求是"哪里出错"或"根源何在"。我从不寻求疗法。我关注什么才是有效的，不论那是什么。如果一小部分精湛的治疗师能"治愈"了一些人，我会观察他们真正做了什么。当人们从自己的问题中解脱出来之后，我会去探求到底发生了什么。这一探求的结果现在被称为神经语言程序学——这是一系列经过传授并被证明有效的课程。

我必须要感谢一下那些最先帮助过我的治疗师们。他们给我

序

提供了个案，这样我可以测试我的成果。他们还给我提供了一些极罕见的、卓有成效的临床医师们的信息——如维吉尼亚·萨提亚和米尔顿·艾瑞克森。

我也要感谢那些勇敢的个案们，是他们让我有机会分享我的发现。例如，我见证了数百人如何从忧郁中解脱，并研究出对他们普遍适用的方法。后来，我就教他们这个康复的流程。这几十年来，我不断精炼这些步骤，今天，我深信它们能帮助任何人转变他们的生活。

如果你沉湎在过去，或是停留在担忧里，抑或是无法开启你心灵的动力，本书的指引将用丰富多样的途径帮你回归到生活的自然秩序。如果你已经花费了大量的时间和金钱用于治疗，本书就是为你而写。如果你想掌控你的生活，本书的方法将让你事半功倍。读完所有的内容！做完所有的练习！留意你读过的所有信息！它们将让你的人生彻底改变！

我将本书划分为三个部分：

第一部分称之为"超越之道"；

第二部分称之为"穿越之道"；

第三部分称之为"彰显之道"。

理查德·班德勒

导 言

本书为指导你的表现行为而写。它可以帮助你做出快速转变和免于那些冗长、缓慢的转变治疗。我在研究中发现，人们很容易遭遇问题。在飞机上经历过生死一线的时刻之后，就会立马得上飞行恐惧症；遭遇一场车祸之后，人们就患上了驾驶恐惧症；被群蜂围攻一次之后，人们就有了蜜蜂恐惧症。如果人们能在极短的时间里学会恐惧，没有理由需要非常久的时间才学会其他的本领，所以我的策略就是：用特殊的方式去寻找一条可行的捷径。

到底我会选择怎样的捷径呢？当心理学家们想研究一种具体的困扰时，拿恐惧症来说，他们会搜集一堆恐惧症的案例，试图找出恐惧症之所以如此的原因——那些让人恐惧的根源。接着他们会做实验，比如让个案们去面对他们所恐惧的，然后帮助他们反复弱化对恐惧的反应。这种回溯将再次经验创伤，并挖掘出深

导言

沉的、内在的、被隐藏的信息,这是一种很常用的心理分析法。这个观点基于"领悟产生转变"这一理念。

看起来似乎很有道理哦!如果你能明白你的问题出在哪里,它们就会自动消失。西格蒙德·弗洛伊德最先启用了这个新理念,此后被以不同的方式使用了近百年。简单概括为:了解精神能产生改变。也就是说,你能帮助他人做口头改变,而非身体力行的改变,这本身就是一个非常有前景的洞见。然而,这仅仅是对问题有所洞见,并不能解决问题本身。

一直以来,人们使用的是心理或生理的方法。他们用的这些方法不外乎控制条件,当人们有好的表现时就奖励,有了不良表现就反制他们。他们会给吸烟者一支烟,同时又让他们对吸烟之害难以承受之重。问题是,许多人在开始抽烟不久就发现吸烟有害健康。他们也非常清楚自己为何抽烟——为了在朋友面前耍酷,或是摆脱一个紧张的习惯,或是为了节食——尽管他们知道自己为何要抽,但他们就是戒不掉。

很多人非常明白自己为何忧虑。我有个个案对自己的忧虑非常清楚。在她还是个小女孩的时候,她被一群人围攻,被打得遍体鳞伤,终遭强暴,从此对每个人都有了恐惧感。她有自闭症。事实上,她几乎恐惧一切。一位治疗师给她治疗并给她用过药物。我得说,她服用过镇定药之后的确很放松,可是就像注射麻醉剂可以让海洛因的服用者更镇定那样——这些并不能解决实质

自我转变的惊人秘密

问题。

实际上是，人们发展出一套他们本不必有，却一直习得的恐惧的习惯。他们学会了去维护一套特定的具有破坏性的行为。它们摧毁了人们的生活。它们夺取了人们的自由，它们葬送了人们生活在这个自由社会的似锦前程。

这位女士并没有生活在一个炮弹纷飞的战地。她也安然无恙，在过去25年里都平平安安。可是每天她醒来就会害怕，每一天她躺下就会害怕。她害怕见人，害怕约会，害怕爱，害怕工作，害怕一切。

在做了多年治疗之后，她意外地找到了我。她报名参加了一个500人的课程。在教室的讲台上，我放了一个盒子，学员们可以把自己的困扰写在纸条上放进去。她把自己所经历的事写好放了进去。她说，她明白为什么她会有当前的困扰，但是她仍然无法从中解脱出来。

在我和她私下沟通之后，我把她领到台上，给她解释了一下真相——我不必知道她为何日日不安，夜夜难眠。我需要知道的是她是如何让自己做到这样的。她为何这样的原因显而易见——一件悲惨的事件发生在她身上，然后她一直活在那个阴影里，所有的一切都在触发那段记忆。

问题不在于过去到底发生了什么，而在于她是如何让"触发"发生了。而这一切起因于她醒来就会问的一个问题"会有什

导言

么危险?"重复的解答自然浮现出来。她就会一再回想起那段栩栩如生的"痛苦记忆"。

我只花了近20分钟的时间就让她停止了回忆的过程。此间,我不必找出她为何这样做的原因以及她都做了些什么,我只要让她停止回忆就可以了。最好是,我让她做的更重要的是,养成一个感受到幸福的习惯。

如果你曾经大半辈子都活在恐惧中,估计你很难有"幸福"的例子可言。如果这样,你就只能去创造一个。我就是这么做的。你要给人们一个放松是非常棒的感觉,感觉好是非常好的,把这些作为他们行为的指引。你这样做,结果就随之而来了。当人们醒来,他们就会自问:"我今天能有多快乐?我今天能有多自由?我今天能有多自在?"

当你问自己积极的问题时,你的脑海里就会创造出美好的画面。当你脑海中有了美好的画面,你就会体验到美好幸福的感觉,生活就会成为你热情向往的样子。如何从一无是处到过上富足、圆满、幸福的生活——这位女孩就是一个活生生的例子。

为了让你能够转变你的生活,你需要知道这些想法都是怎么来的,这样你才能了解到它们为何如此有效。在我一开始着手的时候,我让心理学家们列出一个他们所经历过的最棘手的问题,他们告诉我那就是恐惧症。因此我就开始研究如何让人们摆脱恐惧症,而这一研究成果竟然同样适用于其他问题。

自我转变的惊人秘密

在我研究恐惧症的时候,我研究的并非患有恐惧症的人群。我研究的是那些从恐惧症中解脱的人们。我找到一群人,他们未经任何治疗就从恐惧症里解脱出来。这些人曾经克服了恐惧症。我开始系统地采访他们,所谓的系统就是我发展出来的,写在我早期的著作《神奇的结构:第一卷》里的那些工具。在此书中,我们揭示了当代最伟大的治疗师们卓有成效的秘密,并创造了一个他们的技巧模型。这就是著名的"检定模式"。

"检定模式"是一种透过提问的方式,来发掘人们是如何处理当下信息的方式。这种方式并不关心人们过去或未来是如何处理信息的,而只关心当下他们是怎么做的。忧虑是如何升起的?忧虑何以会被激发?忧虑何以会一再升起?最好是,人们何以克服自身忧虑的?人们都采取了哪些措施,才从多年的忧虑中走出来的?

我采访过的有些人不敢坐电梯,有些人则怕蜜蜂,还有个人是怕狗,其他人有怕开车的,有恐高症的,有露天恐惧症的。我也采访过一些有旷野恐惧症的,或是外出恐惧症的人们,然而陡然的,他们的症状就消失了,从此他们敢去任何地方。

所有这些人,当他们给我说他们的故事时,分享了一些很共性的东西。其中一点是,当他们到达了一个对自己的恐惧极度厌烦的点上时,他们就停止去想那些让他们感到害怕的事了。他们开始看着正在忧心的自己,并开始思考"这很可笑"。这样的共

导言

性点比比皆是，因此我才得以发展出第一个"无恐疗法"。其实，它并非什么疗法，更像一门"课程"。

当时，许多心理治疗师给了我一大批患有不同恐惧症的个案，让我得以测试我发展出来的研究成果。我在那些人心里"安装"了那些成功地从恐惧症中走出来的人们所使用过的心理程序。简单地说，这个心理过程教导人们换个思考方向。思考并非一个被动的过程，除非你被动地去思考。它一直是一个主动的过程，当你将思考导向一个方向，你就会获得你思考方向的结果。

这个方法几乎适用于人们遇到的所有其他问题。如果你能帮助人们主动思考，并换种方式积极思考，他们就能改变他们的生活。如果你想激发你自己，同时你又认为这很难做到，那就真的很难做到。我总是告诉人们，如果你们寻找困难，你们总会如愿以偿。如果你们问"什么会变糟糕"？接着就会有糟糕之事降临。可是如果反过来，你问自己"什么才有效"？接着你就会发现那个答案，我就是这么做到的！

自1974年起，我仅仅碰到过一个真正有恐惧症没有被治愈的个案。有很多人问我，在过去35年里我面对了多少多大的困难。实际上我并没有真正遇到多少，因为我的方法真正有效！

当你明了人们如何思考，你就能教他们转变他们思维的方式，最终改变他们的生活。我从这些人那里学来的这些方法，同样可以被其他人所总结提炼出来。我可以在短短的20分钟里教

自我转变的惊人秘密

会人们这门课程。我已经成功完成很多次了。

在 20 世纪 80 年代早期，我给三位个案录过像：一位有惊恐症的，一位对离开西弗吉尼亚的亨廷顿感到极度焦虑恐惧的，一位则是害怕权威人物。他们的恐惧症都治好了。他们被治愈的方式只是稍有不同，但是他们都被教会了如何用一种全新的方式去思考他们的恐惧。

当你以全新的方式思考时，你就会获得新的东西，你会有新的经历。这本书就是告诉你如何给思维转向。把这个当作是一个未来生活的演排功课吧！只有当人们真正想改变他们生活的时候，这些功课才真正有效。你可以在一群人身上实践同一个成功技巧，并将成功的技巧完善，使之能适用在独特的个体上。

我们同样可以把它用在一些简单的事上，比如拼写。那些拼写高手们，他们经常用的是图形记忆，记住的是单词的图像，通过他们的直觉判断拼写是否正确。因此，我们发展出一套教育程序，当我们教育小孩子们识字的时候，我们赋予每个字母一个独特的颜色。

在他们看过那些单词之后，我们让他们闭上眼睛，在心中呈现一幅这些单词的画面，接着我们会问一些问题，例如：第三个字母是什么颜色的？最后一个字母是什么颜色的？只有真正形成了单词的图像记忆，才能答对这些问题，我们让他们自己来感觉对错。我们展示给他们看，当他们拼写有误的时候，他们就有了

导言

糟糕的感觉。接着,当他们拼写正确时,我们又显示给他们看,这样他们就有了很好的感觉。心理上,他们便开始发展出一个有效的策略来。

当你看到一个单词的时候,你便能用图形来解码它。为了记住东西,你需要先解码你的记忆。如果我们能教会孩子们正确地解码单词的拼写,他们就能做到。所有的记忆活动都是一回事,这也就不奇怪为何教育系统也深受我研究成果的影响。如果你登陆凯特·本森的网站:检定教育(www.meta4education.cn.uk),你会找到为教师提供的所有信息。

现在,在教育界出了很多神经语言程序学方面的著作。还有为体育健将服务的NLP实践理论。高尔夫秘籍里告诉我们,高尔夫天才们是如何进入跃迁状态并用视觉化来调整他们的身体。职业拳击手和足球运动员们也在运用NLP来提高他们的比赛成绩。所有人都可以学会更好地做事。

每件事都有一个心理组成。那些被我们称之为天才的人,都是些经常很容易就发现这些优良策略的人们。当然,别人有优良的基因,你就只能望其项背了。如果你有2米高,做个优秀篮球选手则是轻而易举。如果你喜欢篮球,打起球来就容易了。如果你想学吉他,你很容易就学会,可是如果你缺乏一个伟大音乐家的心智,你可以学习去调整自己的心智并最终学会这种天赋。天赋并非"天赐"。它只是部分的"天赐",其余部分就要靠大家互

自我转变的惊人秘密

相教导学习了。

仅仅学习知识是不够的，更多的应是学会如何学习；仅仅教小孩去记住单词是不够的，你还要告诉他们如何去记住它们；仅仅告诉一个恐惧症患者不要害怕是不够的，你需要教他如何让恐惧消失。在过去差不多四十年间，我处理过并研究了人类所有领域的所有问题。我跟曾经患有精神分裂症的人共事过，并从非精神分裂症患者那里学到精神分裂症患者所做不到的事情。

我处理过的一个非常有名的个案是多年前一位心理治疗师领来的。这是一位无法分清幻想与记忆的女士。每次去见心理治疗师时，她都会痛哭流涕，哽哽咽咽地说她杀了她的父母。治疗师领来她的父母后，她就开始理性地跟他们聊天，但是，一旦他们离开，她又会声称自己杀死了他们。

她为何会幻想自己杀死了自己的父母并不重要，关键是她无法分辨记忆是否真实。因此我转过去问她的治疗师，他是如何知道什么是真实的记忆，什么又是幻想呢？我让他们都对现场做个记忆，并让他们想象自己是如何来到我的办公室的，补足所有必要的细节，接着我就开始问他们是怎么来的。

这位治疗师平静地回答了我，而这位个案却歇斯底里地抽噎着说，我是这样走进来的，不对，是这样，也不对，是这样……她没法条理清楚。我问治疗师他是如何知道此中不同的，他告诉我说他的幻想有一个黑色的边缘，而记忆没有。这是一个非常精

导言

确的方法，它可以知晓什么样的图像是创造出来的，什么样的图像是记忆里来的。我可以确信他是可以正确分辨幻想和真实的。

我把这位女士带入深度的催眠状态，让她举起手臂，并忆起所有她编造的幻想，给它们加了一个黑色边框。从如何杀死自己父母到其他幻想，包括如何来到我的办公室，她都必须做同样的处理。接着我告诉她说，当她的脑子忆起并解码所有的信息的时候，她可以放下她的手臂。当她睁开双眼，我问她是否杀死了自己的父母，她平静地说没有。

这个方法同样适用于那些对治疗有反感的人们。真相是，即使长年累月的给人们以洞见，转变总不会发生，我们从中学到的是：洞见是非常伟大的，可是它无能为力。

当想法没有效果时，你就要把它们搁置到后花园里，就像抛弃那些报废的车胎一样，无效的东西就是无法奏效。因此，这些年来，我所做的工作就是试图找到那些对人们有效的东西——简单易教的东西。有些在清醒状态下教导更好，有些在催眠状态下教导更好。对我来说这些分别都无关紧要，唯一重要的是把人们带到他们希望去的地方。对我来说，重要的是，人们拥有活着的自由，拥有幸福的自由，拥有不把时间浪费在无益的坏习惯上的自由。我相信真相就是：持续不变的坏习惯是一再呈现的问题的根源所在。

那些患有长期强迫症的人们都有建立仪式的坏习惯，以试图

自我转变的惊人秘密

逃避他们的焦虑。每一次例行公事都会让他们获得一点点慰藉，但最终它们会带来更多的恐惧。

你越强求慰藉，你就越有恐惧。这是一个残酷的恶性循环。我并非说它是不好的。如果你发现有些事是无聊的，你就会对它哈哈大笑，接着你就不再继续下去，而是做些更有意义的事，生活就好转了。你可以学会从你的困扰中解脱出来，对此我确信不疑。

35年来，人们都是愁眉苦脸地走进我的大门，然后带着更多的自由离去，他们幸福地离开并将继续走在这条路上。人们总说，这个恐惧症没了，可是如果六个月后又复发了怎么办？很简单，再花20分钟让它消失不见。

真相是，只有当你在重复做同样的事情的时候，那种恐惧感才会复发，重复过去的行为，重复过去的想法，也就会重复过去的恐惧。否则，它将从此消失。事实上，某些神奇的事会发生。你会更加享受自己的生活。

所有让你度日如年的痛苦时刻，你都可以甘之如饴地去体验。这并非意味着糟糕的事不会发生。人会死去。可怕的事会发生。有些人会遭遇车祸，有些人则会负债累累。的确有很多可怕的事情让人感觉很糟糕，可是更为理所当然的是，此时你更应该做点让你尽快感觉更好的事。如果你能看着昨天，对它说你今天好多了，哪怕只有一点点儿，那么你已经在正确的方向上行进了。

导言

本书就是要告诉你如何做到这一点。本书的要点非常简单。首先，我罗列了一个清单，它将解释最基本的东西，帮助你自由选取你想使用的工具。

接着，我会讨论一些你可能会面对的人生课题。你将学会如何走出，如不良的担心、记忆和人际关系这些课题。你会发现如何走过不良习惯、康复以及你感觉要放弃的时候。你也会发现如何获得人生的乐趣、爱、性和做出你人生的重大的决定。

在本书中，我会分享一些经验和见解，它们是我曾经在处理各种问题和挑战的过程中积累来的。你会看到大量的技巧和提示会一步步地把你向前推进，随着你阅读的深入，你就能即刻地转变。再说一遍，你按部就班地读下去并完成练习非常重要！

有一次我收到一张来自美国大峡谷的明信片。当我写《神奇的结构》的时候，我并没有收到多少明信片。然而，当我写《青蛙变王子》透露了人们如何摆脱恐惧和困扰的技巧的时候，我收到一张来自大峡谷的明信片。这个人写了如下的话："我在大峡谷前裹足不前，多年来我一直有恐高症。我曾花费过大量的治疗费均无济于事，而这次只用了 8.95 美金就解决问题了。谢谢你。"当我决定写出这本能帮助人们走出人生困境的指南时，我心里想的是，到底什么能让每一位读者都能给我写一张明信片。

获得你的心智清单

现在是时候说说心智清单了。为了让你做出转变,我想让你意识到你已经可以自由运用的一些心智工具。当你不断深入本书,你将发现你越来越会运用这些工具让你从困扰中走向自由。一旦你明白你的心智是如何运作的,你的思维是如何进展的,你就会开始明白你为何可以做出强有力的持久的人生改变。但首先让我们看一看无意识心智的角色和力量。

The Power of Your Unconscious
你的无意识的威力

　　想想看，你的心智由意识和无意识两部分组成。你的意识就是你的心智整天做分析、批判和逻辑思考的部分，这是你注意力的根本所在。你的无意识是你的心智控制你的身体功能，从你的心跳到你的呼吸等部分，这是你所有的记忆存储的地方，以及你的智慧、创造力、解决问题的能力所在。

　　当你在睡眠的时候，你的意识停顿了，并不打算做任何事，但是你的无意识却在狂野地做梦，并帮助你处理白天发生的事。

　　每一位阅读此书的人，都将知道如何运用无意识来解决问题。这个说法的真相是：你的无意识可以帮助你从另一种角度去看待事情。你的无意识也是大多数心理习惯功能之所在。不论何时，只要我们学会用我们的心智去做事，它都将自动化，接着我们就会无意识地掌握它。

获得你的心智清单

这些无意识的能力包括习得那些对我们身心有害的习惯：让自己灰心丧气，犹豫不决；让自己压力重重，或是感觉恐惧与绝望。相反，它们也可以习得让我们奋发向上的、让我们更为放松的或是更为自信及充满希望的习惯。在过去35年多的时间里，大多数时间我都在寻找如何帮助人们去改变他们无意识的习惯或技能，以便即刻显化他们所想要的生活。通常，我透过催眠做到了这一点。通过把一个人带到出神状态，我可以帮助他们走入内在并做出巨大的转变。

出神状态可以让你直接与人们的无意识部分对话，这样你就可以在他们无意识的时候帮助他们建立新的习惯。这就是为何米尔顿·艾瑞克森和所有那些我跟随学习过的杰出的催眠师们能取得良好效果的原理所在。经过数年研究，我最重大的发现是：其实，并非一定要借助催眠才能帮助人们做出转变！

事实上，我们总是处在一个又一个的出神状态中。"出神"简单地说就是我们全神贯注于我们想法时的状态。人们问我，我是否曾经碰到过很难让其进入出神状态的个案，我从来没有碰到过！我碰到的是如何让人们从跃迁性的出神状态里跳出来，他们在其中做了太多错误的决定，有太多荒谬的想法，但是出神的确是一个非常普遍的现象。

运用这些年来我所创立的技术，例如人体工程设计学和神经

自我转变的惊人秘密

催眠重塑学,我找到了一种可以在非出神状态下改善人们的生活并获得无意识转变的途径。只要依循本书提供的简单想法去实践,你就可以找到那些简单却超级有效的工具,来帮助你转变你的无意识习惯,最终改变你的命运。其中的一个工具,我们称之为次感元模型。

出神状态可以让你直接与人们的无意识部分对话，这样你就可以在他们无意识的时候帮助他们建立新的习惯。

The Qualities of Your Thoughts
思想的元素

早在20世纪70年代，约翰·格林德和我深入阐述了"人们建立了心理陈述"这一观点。格瑞格里·贝特森和马修·马科伦汉先生已经就此事探讨多年了，我们最终把它落实了。

我们把思考定义为不同的类型：图像思考、文字思考、感觉思考、味觉和嗅觉思考。此后，我更进一步把每一个系统细化为更基本的组成元素。图像的、声音的、感觉的基本元素统称为著名的"次感元"。

人类借助五感来从外界获得信息，接着我们又透过内在五感来呈现这个世界。比如，有一种思考就是以图像或是电影的方式进行的。

不论何时你从别人那里得到指导，或是你给予别人指导，你都需仰赖你自己的能力深入内在，在心理上重现一幕你是如何到你想去之处的电影。无论人们想要创造什么，他们必须先在自己的内心具体构想它的细节。

  这些图像里也有某些特定的元素。比如，想想昨天你都做了些什么。当你在脑子里想这些的时候，你可能看到自己昨天在做些什么，或是你可能看到昨天你眼里所看到的一切。你可能看到你行动时的静态照，或者你回忆起的一切就如同连续播放的影片。无论如何，这些都是我们对来自外在世界经验的加工。

  当我们想着某事，关于它的图像就会呈现在特定的位置上。它还有特定的尺寸，同时又跟我们存在一定的距离。当我们看着这些心理图像，它们并非如外在世界一般无二。我们通常将它们以特定的大小呈现在离我们特定距离的方位上。要么你还能看见自己在图像里，这意味着你此刻是"抽离"的观察者。或者你在图像里看不到自己，因为你是透过自己的眼睛看到的，此时你就是处于"联结"的体验者。

  我们也常听到内在的声音。有时你会想起某人跟你说过什么，或是想起他们的声音，或是你会回忆起一首歌是怎么唱的，或是你怎么自言自语的……所有这些都是内在的声音。同样，这些声音都有许多的元素，比如，当我们专心倾听时，我们会觉察到声音的分贝高低及共鸣。

  内在感觉也是一样。无论何时，当我们有一个感觉时，我们都可以在体内的某个特定位置感受到它。只要我们去留意，我们就可以感受到，这种感觉从某个位置开始出现，然后移动到身体

比如坐过山车，从侧面看见全车及整个轨道是抽离，而坐在车上只看到车身和轨道则是联结。

获得你的心智清单

的其他部位。人们甚至在谈论恐惧的时候,也能平静地描述这种感觉。他们会说:"我感觉心口好像有点悸动,后来我的口很干,我感觉头昏眼花。"人们一直都在表露那些发生在他们内在的心理现实。

当听到你头脑里冒出的一个心里的声音时,它要么是别人的,要么是你自己的。它或者出现在左侧,或者呈现在右侧。它可能朝里,也可能朝外。有些声音或许大如响雷,有些则似低语浅吟。有时候,只是纯粹的静籁。无论那声音来自何处,也不管它是什么,最重要的是你要留意到所有这些存在的声音的不同之处是什么。

一直以来,人们都在谈论心理学领域里的感受。当我开始学习心理学时,见识过各式各样的顾问、治疗师和精神科医师跟来访者们对话的场景。这其中让我最吃惊的是,有很多次,当来访者被问道:"嗯,那么你对此感觉如何呢?"他们会回答说:"我感觉很挫败。"治疗师会一再重复这个过程,从未停下探究挫败的真正意义。他们错在没有及时停下来,而让人们将表达自身状态的描述转述到相关的事情上。

当人们说"我很挫败"时,实际上是个动词。当人们说"我有怀疑",他们就把动词转变为名词,并把感觉具体化为一件事或一样东西。当人们说,"我有挫折感",他们实际上并没有一箩筐的挫折。他们只是正在经历"被挫折"。这是一个行为。当你

自我转变的惊人秘密

能把感觉具体化为一个行为时,你会发现它的背后蕴含了更多的行为。

因此,当治疗师和精神科医师跟某人说,"你对感到挫败感觉如何呢?"或是"你对感到失望感觉如何呢?"这个时候,他们错过了最重要的信息。我们都知道,我们有另外一种认知世界的方式。我们对大脑的认识是,脑细胞的触突连接了所有的身体器官,这就理所当然地让我们在思考的时候产生感受。

这意味着我们的身体跟我们的大脑息息相关。身体是大脑的延伸。当人们说"我感觉挫败"时,我们应该问的重要的问题是:"哪里?感觉是从身体的哪个部位开始的?你首先是在哪里感受到的?它朝哪里移动了?"感觉是不可能保持不动的。它们总在移动,总有一个朝向。

我知道,人们有时会在他们感到挫败的时候体验到他们的肠道附近有一个结堵在那里,但事实上这个结要么向前旋转要么向后旋转。每一次有人告诉我他们感到堵的时候,我就会问到底堵在哪里了。他们就会告诉我那种感觉,或在他们的腹部或在他们的胸口。然而,到底在哪里并不重要。重要的是你为此做了些什么。

有时候,我会问:"它往哪儿移动了?"他们会说,"没有移动"。只要转动一下人们的手臂,朝前及朝后旋转,或是向左和向右旋转,接着我们就会发现他们的感觉将会移动到新的身体部位。这就是四个仅有的有效向度:

获得你的心智清单

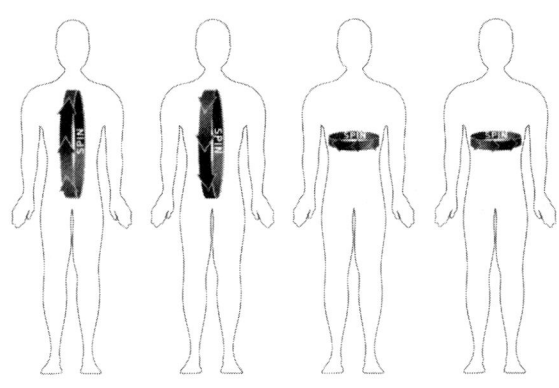

  当他们感受着他们的感觉的时候，其中会有一种方向是让他们感觉舒服的。从这里，即使移动非常微小，他们也能准确判断出它在移动。事实上，它能移动，意味着你可以让它移动得更快也可以让它移动得更慢，你可以让它向前移动也可以让它向后移动。我们的感觉其实都在我们的掌控之中。事实上，这就是我们大多数人需要去学习掌握的，当你能这么做的时候，你就能改变你的感觉了。

  你的思想元素，这些次感元，决定了你的思想将如何影响到你。当你用大屏幕去展示你联结体验的事情的时候，一般来说，此时的感觉将会更加强烈。当你把图像缩得更小，并且移动它并远离你，抽离开并观察它，你的感觉就会变弱。在我们需要的时候，我们都可以学着如何运用并操纵我们的次感元，来引发我们需要的各种感觉。我喜欢称之为"经营你的大脑"。

Running Your Own Brain
经营你的大脑

    我工作的一个要点就是,去发现一条帮助人们实现我所谓的"个人自由"之路。个人自由意味着拥有掌控你的想法的自由,以便去体验你想在生活中感受的自由。

    我们经常被我们的想法所囚禁,我们让自己深陷自我问题的囹圄之中。然而,绝大多数的问题都是我们想象出来的,因此它们是如此虚幻不实,所以我们所需要的仅仅是一个对想象的解决方案。因此,下面就列举了一些非常有效的让你的想法发生转变的方法。

    回想一下你曾经感觉非常美好的一次经验。现在,走入那个经验,透过你的眼睛去看,透过你的耳朵去听,去感受你的身体所经验的美好感觉并将这个图像放大、变亮,使之更加多彩,你或许会感觉更好些。让声音更大些、更清脆些,如果没有声音,就加入声音。开始强化这种美妙的感觉。

我们经常被我们的想法所囚禁，我们让自己深陷自我问题的囹圄之中。然而，绝大多数的问题都是我们想象出来的，因此它们是如此虚幻不实，所以我们所需要的，仅仅是一个对想象的解决方案。

接着,找出你的身体感觉升起的地方以及它的走向。去发现它在你体内旋转的方向,让它旋转得更快些,同样,去留意你更为强烈的感觉。你对自己大脑的调控,决定了你可以在自己的内在创造出强烈的感觉。

你可以带着这些感受去想别的念头。如果你保持这种感觉在你的内在旋转,与此同时,你想着自己的未来,那么,你就会把自己的未来和这种感觉联结在一起。这样的话,你就会对自己的未来感觉越来越好。

如何感觉很棒

1. 回想你曾经感觉很美妙的一次经验。

2. 闭上你的眼睛,想象那个时候的具体细节。把你所看到的一切图像清晰化,加大你听到的声音,记住那些升起的感觉。

3. 想象自己步入那个经验之中,并想象那个记忆如实闪现,就像正在发生一样。看见你希望看见的东西,听到你希望听到的声音,感觉你此刻的美好感觉。把颜色调得更鲜艳、更明亮些,如果这样更好的话。留意到你是如何呼吸的,就按那样的方式呼吸。

4. 留意你体内升起的那种美妙的感觉,意识这一感觉升起的方向以及它的移动方向。想象可以调控这一感觉,在你的体内把它旋转得更快、再快些,更强、再强些。

5. 想象一下，未来何时你将拥有这些美妙的感受。当你想着未来几周将要完成的事情时，在你的体内同时旋转这些感受。如果你发现自己无端的就感觉很棒，请不要太大惊小怪哦！

同样的，如果你发现自己处于消极的或是匮乏的状态中时，你可以靠转变你感受的元素来调整你的心情。

比如，想着某人对你毫不客气，威胁你，或是让你怒火中烧。把他框进一幅图里，让他看着你，不论他是用怎样一种眼神在惹恼你。听着他口里的那些话语，留意你体内升起的那个不好的感觉。

接着，针对这个图像，把它调整为黑白色。把它移动到离你远一点儿的地方。把它缩小一些，变小到原来的八分之一大小。给他镶个小丑的鼻子。不论他在说些什么，想象他都在以米老鼠、唐老鸭或是大笨猫的腔调说出来。这些都有利于改变你对他的感觉，并让你和他交往的时候更有信心和效果。

转变不良感觉

1. 回想某个让你恼火的人，让你后怕的人，或是让你火冒三丈的人。想象一幅他正盯着你看并让你恼火的那个场景的图像。聆听他在说些什么，留意你身体内升起的糟糕感觉。

2. 把这幅图像黑白化。让它远离你。把它变小一些，变为原来的八分之一大小。在他的鼻子上加一个小丑的红鼻头。

获得你的心智清单

3. 不论他在说些什么,都去聆听,但是把他的声音变成米老鼠,或唐老鸭,或大笨猫的声音。

4. 留意你身体的不同感觉。接着打断一下你的思维,然后再次把注意力转向他。你对他的感觉会大为不同。

当你用这种方式来熟练操作你的大脑,你就会发现自己经常会感觉很兴奋。实现个人的自由就是发展新的心理习惯和技巧,以及以你希望的方式习惯地运用你的大脑。

接下来我将介绍的要素是:处理信念的步骤。

Building New Beliefs
建立新的信念

人类所做的事情很重要的一个方面就是建立信念。信念是人们常常让自己陷入自身问题的关键。除非你相信自己可以克服什么、经验什么或是获得什么，否则你做到的可能性很少。你的信念是你对自己的某些想法所具有的确信的感觉。

大多数人听从他们的父母、老师或早年的权威形象，习得了大量他们以为必须知道的限制性信念。如果你被告知说，你在某个项目上或体育上不够聪明或不够好，如果你信以为真，你的前途就岌岌可危。只要我们开始相信了什么，我们立马会寻找各种途径来证实它。我们在此要学习的就是要如何质疑你的局限，更加确认哪些对你来说是可能的。

为了创造一些转变，有必要帮助人们转变他们的信念并建立新的信念，这样就能帮助他们让转变持续到未来。为了转变信念，我们首先要学习一条能找出信念特征的途径。

获得你的心智清单

再一次的，次感元派上用场了。跟任何想法一样，我们的信念也同样拥有一些组成结构。如果我问你："你相信太阳明天会升起来吗？"你会怎么回答呢？一般来说，你会立马回答说是的，但同时这里面会有一个干预过程。为了回答这个"你相信太阳明天会升起来吗？"的问题，你会经常在脑子里重现这个信念。

值得注意的是，如果我口头上问你这个问题，你不必开口就会知道这个答案。当我问："太阳明天会升起来吗？"一般来说，人们就会在脑海里的某个角落闪现出一幅太阳的图像。他们会在脑海里用一种确信的声音说"是的"，同时在他们身体的某个部位，会有一种确定的感觉告诉他们那是真实的。这个内在的过程是我们外在行为的指引。用信念来指引行为是人类非常重要的一部分。它同时也是知道如何去改造一个人的关键所在——如何具体地去改变你自己。

如果我口头上问你，"太阳明天会升起来吗？"这幅图像在你大脑的哪个部位？在左侧还是右侧？距离你多远？它是如实物大小还是缩小了？它是静止的还是移动的？伴随有声音吗？有说"是的"这个声音出现吗？或是你听到了什么，如果是，那个声音出现在右边还是左边？

拿确信的感觉来说。看着你脑海中的那幅图像，把它的尺寸放大两倍。一般而言，当你这么做时，你的确信感就会增强。

自我转变的惊人秘密

当这个感觉增强时，留意这个感觉到底在你身体的哪个部位，它是如何移动的。借此，你会开始注意到坚定信念的次感元所在。

现在，停顿一会儿，看看别的地方。放空你的大脑，然后再回到这本书上，跟着我。

接着，想想某个你并不确信的事情。不是某个一棒子打死你也不相信的东西，而是你抱持着"好像是"又"好像不是"之间的事情。想个你不确信的事情。比如，我午餐到底吃什么呢？是金枪鱼三明治还是乳酪三明治？诸如此类或其他的例子。甚至可以是某人想给你买生日礼物。可以是这样也可以是那样，不确定的那种。

看着你脑中的这两个选择。停顿一秒钟，别再看书，去做这个练习。再回到这本书上，再想想那个让你坚信不疑的想法。首先，看着"明天的太阳升起来"的图像。现在再看着第二张图像，就是那张模棱两可的图像。比较这两者之间的差异。

首先，图像都在同样的位置吗？答案很可能是否。如果图像在不同的位置，那么它们的距离是否也不同呢？尺寸大小呢？图像伴随的声音的出处呢？是否一个在左，一个在右呢？一个朝里，另外一个向外呢？这两幅图像的差异就在于这些不同的部分。

获得你的心智清单

你可以开始更仔细地看着这个差异,以便深入地学习确信和怀疑的特征之所在。后面罗列出了一大堆次感元的详细清单:视觉,听觉,肌肉运动知觉(感觉),嗅觉和味觉。我想让你做的是,深入了解太阳升起来的信念及你不确信的那幅图像,并完成下面的清单。仅仅清点那些让你深信不疑和让你稍感疑惑的次感元就可以了。花点儿时间完成它。

发现你是如何确信的

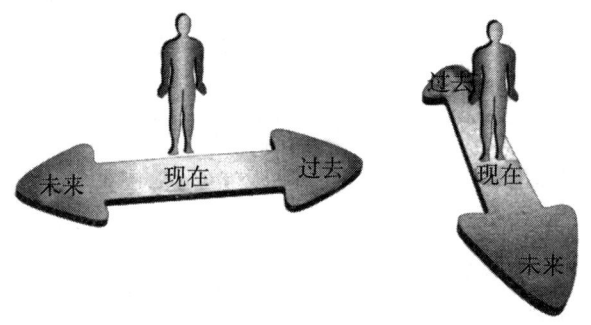

1. 回想某个你确信无疑的事(比如,明天太阳会照样升起来)。

2. 当你有这个信念,并且确信它的时候,留意升起的图像、声音和感觉是什么。

3. 完成下面的次感元练习,写下所有关于这个信念的特征。

4. 再想个你疑惑或不确信的事(这样也对,那样也好的)。

5. 当你有这个想法,并对它不确定的时候,留意升起的图像、声音和感觉是什么。

6. 完成下面次感元的列表，标出所有这个想法的要素来。特别留意造成你非常确信和不确定之间的差异之处。

现在你拥有了自己的列表，让我们来看看。在你深信不疑与你不确定的事情上，你大脑的描述是不同的，这个列表揭露了两者之间的差异。一旦你明白了这两者间的差异，你就能实现对外在的调控。如果你正在阅读本书，那一定是你希望自己在某些地方有所改进，然而第一步就是确信你能做出改进。

		确信的	不确信的
视觉的次感元	图像的数量		
	动态/静止		
	尺寸大小		
	形状		
	彩色/黑白		
	聚焦的/分散的		
	明亮/昏暗		
	在空间里的位置		
	有边界/无边界		
	平面的/三维的		
	联结/抽离		
	近景/远景		

获得你的心智清单

续表

		确信的	不确信的
听觉的次感元	音量		
	音高		
	音质（音色）		
	速率		
	音调		
	持续时间		
	节奏		
	声音方向		
	和谐度		
肌肉运动知觉的次感元	在身体的部位		
	质感		
	温度		
	脉搏率		
	呼吸节奏		
	压力		
	重力		
	强度		
	运动/方向		
嗅觉的/味觉的次感元	甜味		
	酸味		
	苦味		
	浓香		
	芳香		
	刺激性（味道的强度）		

自我转变的惊人秘密

　　那就开始想一个你以为自己存在的问题吧。什么样的问题都行。如果你认为自己信心不足，或是你认为自己没有把握，你都会如愿。最不可理喻的是，人们自认为自己没有把握，但却总是非常有把握地相信他们是没有把握的。

　　我们在此的意图是，我们希望你开始着手改变这一切，就像确信太阳明天会升起来一样，你或许相信你明天会有一个麻烦事。把你认为是麻烦的图像放在它应有的位置上，看着它，并且说，我厌倦了这个。这些年来，我发现，当人们单纯地决定自己受够了时，人们就真的转变了。

　　大多数人对他们的问题还恨之不切。他们看起来似乎饱经挫败，却依然毫不妥协。我曾经接触过患有强迫多动症的人，他们从早到晚重复某种行为以期获得舒适感。他们通常会每天关门开门15次，洗手上千次，但是直到他们极度沮丧的时候，他们会说："够了，够了。我再也不干了。"此刻人们真的开始发生转变了。这个我们稍后再详谈。

　　我们要你做的第一件事就是，找出你真正想要摆脱的和你想要获得的是什么。你想要摆脱自己的自疑，对自己更为信任吗？你想要摆脱恐惧，获得更多自信吗？不论是什么，当你想着你的问题时，你或许以为，这辈子你都别想挣脱它们了。

　　当你看着这个你认为会限制你一生的信念时，我要你对它稍微做点儿变动。具体就是，把这个信念的图像推离你，把它放在你不确信的位置上,当你看着它并想,我真要从此将陷在其中吗?你会说,嗯,可能是吧,也可能不是。

　　为了能把它放在其他位置,非常重要的是,你的想象操作要非常快速。为了做到这样,你可以把这个旧有的限制性信念放在你的不确定区,然后在这里给这幅图做点儿处理。你要把它推到五米开外,让它越过你的视平线,推离到次感元显示为不确定的区域,这样就能把一个确信不疑的信念转变为疑惑不定的信念了。

　　接着你要反过来做。你要把你想要相信的图像,比如你将来会从这个问题中解脱出来,感到快乐和欣喜的图像,把它放在五米开外的地方,并移动到次感元显示为确信的区域。这样,你就能转变你的信念,并开始相信你自己拥有一个更美好的未来。如果你完成了这个练习,你会发现,自己已经按捺不住在开始计划全新的未来了。

信念转变的技巧

　　1. 找出一个自己再也不想拥有的限制性信念。比如,在一生或相当长的时间里,你将麻烦不断。

　　2. 找出一个自己渴望拥有的建设性信念。比如,你想从此不再被麻烦缠绕,从此生活幸福。

　　3. 温习一下你已经挑选出来的确信和不确信的次感元。

自我转变的惊人秘密

4. 想象那个你想取缔的限制性信念迅速出现并进入了不确信次感元区域。

5. 同时,想象那个有建设性的信念迅速出现并进入了确信次感元区域。

6. 把这个过程多重复几次,每一次都要尽可能地快。

当你对自己所相信的有所掌控之后,你就能开始产生新的、有建设性的信念来帮助你过上之前不曾有过的、更为幸福快乐的生活。

如我之前所言,生活中我们所面对的大多数问题,都只是发生在我们脑海里而已。更进一步说,问题通常存在于我们概念中的过去或未来。除了我们的念头之外,过去和未来根本就不存在。

那些心理上受过伤害的人们,他们经常让自己对过去感觉很糟糕,对当下感觉困难重重,对未来不是恐惧就是担忧。就词语而言,我们说"通过",就如同把某物摆在我们"身后"。我们说"穿越",就好像有东西挡在我们"身前"。我们想要"获得"某物,那么我们就会"朝向"未来。对很多人来说,这就是他们如何重现时间的。为了改变我们对过去和未来的思考和处理过程,让我们先来探究一下时间线的概念。

Timelines
你的心理是这样解码时间的

时间线是你自己解码时间的一种能力。我们透过确定的方式来体验时间。"过去"的图像都将会与"未来"的图像处在不同的地方。如果你想想某些发生在过去的事件,再想想某些将发生在未来的事件,留意一下它们在你心里的位置有何不同,这样你就可以画一条想象的线条,连接过去与未来,这就是你的时间线。

举例说,想象一下五年前你正在刷牙的情景,留意一下脑海里的图像在哪个位置。接着,想象一下一年前你正在刷牙的情景,再次留意它的位置。再想象一下今天你正在刷牙时的情景,再次留意图像的位置。接着想象一年后以及五年后你刷牙时的情景。当你发现自己可以看到所有这些图像时,你就可以勾勒出一条想象的线条来连接它们。这就是你的时间线,它显示了你对时间的空间分布。

自我转变的惊人秘密

一般来说，主要有两种类型的时间线：一种是前后伸展的，未来在你的前方，过去在你的背后，现在在你身体之中，刚好被称为"线外型"；另外一种则是，过去在你的左侧，现在在你的前方，未来在你的右边，这通常被称为"线内型"。

如何在这两种方式里排列你的时间线，取决于事情发生的时间与现在时间点的远近。比如，一般解码时间为"线外型"的人，通常不记得或常常忘记过去的人——他们把过去放在"身后"。而解码时间为"线内型"的人，经常会很容易地就回想起各种事端，通常他们相当守时。

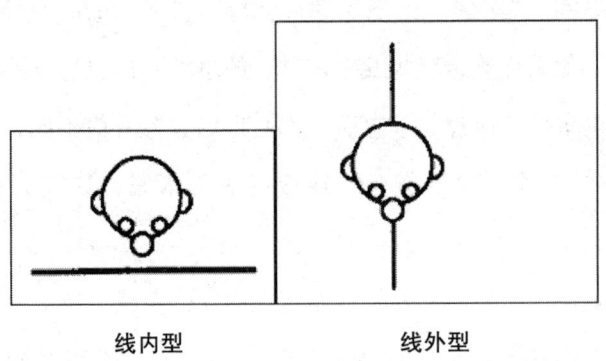

线内型　　　　　　　线外型

发现你的时间线

1. 想象五年前你正在刷牙的情景，指出那个图像的位置。
2. 想象一年前你正在刷牙的情景，指出那个图像的位置。
3. 想象此时你正在刷牙的情景，指出那个图像的位置。

如果你想想某些发生在过去的事件，再想想某些发生在未来的事件，留意一下它们在你心理的位置有何不同，这样你就可以画一条想象的线条，连接过去与未来，这就是你的时间线。

获得你的心智清单

4. 想象一年后你正在刷牙的情景，指出那个图像的位置。

5. 想象五年后你正在刷牙的情景，指出那个图像的位置。

6. 画一条假想的线条，五年前的位置为起点，贯穿一年前，现在，一年后的位置，五年后的位置。这就是你的时间线。

7. 把这个线条向过去和未来两端无限延伸。

这其中的关键，就是学会如何改变你对过去、现在和未来的想法和感觉。从此刻起，有意识地注意你是如何重现时间的，这将使你更容易改变对事情的感觉。如上你已经完成了你的时间线，这意味着你的清单也明了了。

接下来的篇章，将集中教你如何使用自己的大脑，作出潜意识的转变以及学会如何以不同的方式思考。你将有意识地去使用次感元来转变，学会如何创造新感觉，以及给新思想带来新感觉。你将发现如何去信任自己，并憧憬一个可望并可即的未来，你还会发现自己能够转变——对自己的生活和对生活每一时刻的种种想法。这项清单已经将使用的工具和技巧呈现给你啦。现在，是时候去超越你的困扰了。

超越之道

谈论超越领域，人们真正需要超越的是什么呢？让我们看看下面的清单。

首先人们需要超越的是无益的建议。自打我们出生，我们就被告知，这个世界如何运转，我们就学会很多关于自己的事，我们到底是谁以及我们被看成是怎样的人。

我们已经谈论过持有有效信念的重要性了，因此关键是，人们学会如何超越无益的建议并开始接纳新的可行性事务，以及发展出新的方式来思考世界与他们的未来。

其次，人们需要超越的是恐惧。许多人恐惧飞行，他们不敢坐飞机。同样的，很多人有坐电梯的恐惧。并非所有的会议都在大厦底层召开，同时并非所有人都喜欢步行。有些人则对公众演讲抱有恐惧。恐惧的类型多种多样，解决的方法也很多，我们接下来都会讲到。

就恐惧而言，人们需要超越的是不良记忆。不良记忆分很多种。有的是人们早期被强暴的记忆，有的是人们早期精神受创的记忆。前面我提到过，我曾经有一些遭人强奸的来访者。好人也有很多不良记忆。不良记忆在生活中一再重演并非好事。如果曾经做过的某件事让你有所恐惧的话，那么一再地重复做同样的事只会加强这种恐惧。

不良的人际关系和悲痛也是人们需要超越的。人们深陷在过去的悲伤感受中的时间越久，他们就越少有时间去改善生活。学会如何超越这些是非常重要的，这样，他们才能开始创造新的人际关系，去发现生活的喜悦和生命的不可思议。

　　最后，我们还有在不良想法和情绪下的错误的决策。归根结底，我们要学会如何让生活走上正轨——所有这一切起始于如何做出正确的决策。你做出的决策越正确，你的行动力越强，你的生活品质就越好。

　　超越事态经常需要帮助人们学会如何进入他们的头脑去释放掉记忆。也就是说，帮助人们把所有的问题都划归到记忆的历史长河里——那个它们本该归属的地方。

Getting Over Bad Suggestions
超越无益的建议

第一件要做的事，就是把你与其他人共有的无益建议抛诸脑后，置之不理。我曾经有位名叫迈亚的来访者。她是个年仅23岁的女孩，风华正茂的年龄，她却需要一个服装搭配师。她穿着跟她年纪非常不相称的过时服装，眼睛上架着一副你从来没见过的三角形牛角架眼镜。

她是开着一辆敞篷车过来的，头发看起来蓬松散乱。当她走进来时，她告诉我，她的问题是孤独。事实上，她之所以感到孤独的唯一理由是，她深信她的自尊心很弱——如她之前的治疗师告诉她的那样。

当我问她是如何知道自己自尊心很弱的时候，她说："嗯，有人的时候我就是感觉自己很紧张。"事实上没有人本来"就是"怎样的。接着我稍稍深入探寻了一下，我问："那好，你是怎么知道如何感觉紧张的？当你在衣橱里挑衣服的时候你会感觉紧张

自我转变的惊人秘密

吗?"她回答否,我接着问:"好,那当你感觉紧张时,你是如何知道的?"她说:"一个声音告诉我的。"因此我问:"哪个声音?"她看着我回答道:"我脑袋里的声音。"

我问她:"那是你自己的声音吗?"她回答:"嗯,那声音在我里面。"我接着问她:"那个声音像是你自己说话的声音吗?"她回复说不是。我问:"那它像你母亲的声音、父亲的声音还是你姐妹的声音,或是学校里某个朋友的声音?"她回答:"嗯,我不清楚到底是谁的声音。它已经存在很久了。"我说:"很久。我喜欢这个说法,很久的声音。"

我问她:"那么这个声音到底说了些什么呢?"她答道:"它跟我说,我无所事事。还说,我很丑。还有,没有人会爱我。"到此,我们完全可以花上数小时——事实上,我们可以花上数年的时间——去回溯她的童年,找出这个声音的来源,以及它出现的缘由,可是我对此并不关心。如果你需要一个转变你行为的指引,那么你就需要去找那些能带来快速转变的捷径。

在迈亚的个案中,我只是简单地让她增大了那个声音的音量。她把那个声音的音量调大并移近了些。这个声音出现在她的左边,仿佛在十二三米之外的地方。我让它变大变近,她感觉更糟了。接着我让她把它推移到更远的地方,她的感受变弱了。

接着,我让她转换了声音的音调,因为我问了她一个问题:"是否有人曾经跟你说话,你完全不信?"比如,此时政客尼克松就出现在我的脑海里。我还能回想起比尔·克林顿是如何反复宣称自己和那个女人没有发生性关系的,我知道他明显是在撒谎。当迈亚听着那个声音时,我让她把那个声音的音调,逐渐转换为某个她从不信任的人的音调。

我让她把那个声音移植到她脑后很远很远的地方。经过几次这样快速地移动,她终于掌握了制造不适感觉的因素。她掌控了自己的神经紧张,以及那个让她每次照镜子就不得不让自己披头散发的苦恼。

因为她的负面信念如此根深蒂固,她从来不曾梳妆打扮过自己。她不曾与人和颜悦色地交流,因此无法与和善的人结交。相反,她到处去寻找那些加强她已有信念的人们。重要的不只是让她掌控那个声音,更重要的是全面更新她长年累月的经验,以及让迈亚感觉自己是个毫无价值、毫不起眼、一无是处的人的整个信念,并认识到,事实是这是一个彻头彻尾的谎言。因此她需要认识到这些都是谎言。通常我最喜欢做的就是让人们识别出他们曾经被告知的最大的谎言。当人们发现那个深信不疑的竟然是谎言时,他们只要一想起它,顿时火冒三丈。

如同前文详细清单部分,我引出了次感元的内容。现在停下来想想某个你不想再相信的东西。像迈亚那样,我要你回顾一遍你的清单,先找出那个声音的位置,或是那个图像的位置。

我要你带着那个你想要摆脱的东西,我要你把它当作是你曾

自我转变的惊人秘密

经听过的最大的谎言来对待。把它当作是你最愤怒的事来对待。前后移动那些图像，留意图像位置的不同。留意图像尺寸大小的不同。图像是否在移动，你是否在其中呢？——所有这些我们在详细清单中提到的差别。

当你找到了其中的差异，我要你把这个你想要遗忘的东西，推移到一定距离之外，接着把它投入到那个特别区域——因此，当你看着它的时候，你知道它是一个谎言，你对它怒气冲冲。

是时候建立一个新的信念了。你想要相信什么呢？如果你像其他人那样，建立一个这样的信念：认为自己值得过得幸福，值得结交朋友，自己将大有作为。你同样需要一个可参考的结构。你要展望将来的自己，看到自己将是的样子——你伴随着这个建设性的信念而成长的样子。

欢欣鼓舞，感觉幸福，还是自信美丽？想想所有这些，你就会有一个开始的方向。你会转变那个图像，转变你说话的声音。或许你还会转变走路的方式，以及自己的外貌，这样，当你看着它的时候，你感受到强烈的愿望。你需要对未来有一个愿望。对于过去，你要能看到并认定最美妙的事情就是——过去已经成为过去。

我会一再重复这个概念。这些年里，我能让人们相信的最妙不可言的事就是——过去已经成为过去。当人们看着自己的过去，或许他们会对自己过去的愚蠢表现以及怀有的信念——以及他们是如何习得的和谁教给他们这些而愤怒——但这些并不能帮助他们走向未来。能帮助你走向未来的是：把过去置之脑后，并创造出让你全力以赴去实现的强烈愿望。

有一次，当迈亚看着自己的时候，我也给了她一些建议。我建议说，让她去找人帮自己挑选更合身的衣服，那些能显出一个人由内而外的魅力的服装，并且走出去结识那些看起来很幸福的人们，看他们是如何表现的，调整自己脑海中的图像，直到她能设计出一个适合她自己的完整的人生蓝图。

超越消极的建议

1. 回想一下其他人，或是你自己曾经告诉过你的某些消极建议。

2. 回想一下某个你不信任的人，他曾经以何种方式向你撒了个谎。

3. 留意谎言的次感元和消极建议。

4. 把消极建议移植到谎言的次感元里，将它瞬间移动到你视其为谎言的建议的位置上。

		消极建议	超级谎言
视觉的次感元	图像的数量		
	动态/静止		
	尺寸大小		
	形状		

自我转变的惊人秘密

续表

		消极建议	超级谎言
视觉的次感元	彩色/黑白		
	聚焦的/分散的		
	明亮/昏暗		
	在空间里的位置		
	有边界/无边界		
	平面的/三维的		
	联结/抽离		
	近景/远景		
听觉的次感元	音量		
	音质（音色）		
	速率		
	音调		
	持续时间		
	节奏		
	声音方向		
	和谐度		
肌肉运动知觉的次感元	在身体的部位		
	质感		
	温度		
	脉搏率		
	呼吸节奏		
	压力		
	重力		
	强度		
	运动/方向		

超越之道

续表

		消极建议	超级谎言
嗅觉的／味觉的次感元	甜味		
	酸味		
	苦味		
	浓香		
	芳香		
	刺激性（味道的强度）		

除了给她建议，帮助她在未来做出转变之外，帮助她转变对自己以及自己过去的看法也非常有必要。通过让她想象到，自己被给予了一个她是多么漂亮的积极暗示，并确保这个暗示真实可信，它就会让迈亚对自己的感觉大有不同。

另外一种方法就是利用时间线。通过你的时间线，让你自己回溯到自己的青少年时期，你听到一个积极的建议，你对此深信不疑的事件，这个回溯能转变你当下的感受。当你这样回溯过去的经验并加入新的信念时，你会发现自己能非常高效地应对各种状况，接着它就会逐渐将你的个人历史，朝向更有利于你的方向上转变。当你真的能够接纳新的、积极的建议并摒弃旧的、限制性建议时，你就做好了准备去解决剩下的问题，尤其是你的恐惧了。

接受更好的建议

1. 想一个你希望相信的非常有用的建议。

自我转变的惊人秘密

2. 想象你回溯到你的时间线里，在你还年轻的时候，想象自己听到某个你虔信的人，用可信的方式告诉你这个有用的建议。

3. 想象你自己从过去的经验开始，沿着时间线，经过每一个经验，到现在为止，并给每一段经历加上新的信念，留意事情发生了什么转变，当你拥有了这个新信念时，留意你的感受有何不同。

4. 当你回到当前的时间线状态，你可以替换其他建议来重复这个过程，并且留意，每一次，你是如何对当下的自我以及过去感觉很棒的。

Getting Over Fears and Phobias
超越恐惧和害怕

只要一谈到超越某些事物，人们面对的最大障碍可能是超越恐惧。这些年，人们带着各式各样的恐惧来找我，他们的恐惧各式各样。

恐惧可以划分为两大类：害怕和焦虑。害怕性恐惧是当你看到某物时，你立马会通身紧张不安。焦虑性恐惧则是当人们沉浸在自己的想法里，创造出可怕的图像，是较为缓慢的、逐步形成的恐惧症。

就害怕性恐惧而言，超越它的步骤非常简单。人们认为自己害怕乘电梯、害怕坐飞机、害怕潜水。他们怕蜜蜂、怕蜘蛛、怕高。

人们认为自己害怕这些东西，可是事实并非如此。并非真实的事物让人们害怕。并非高度让你后怕，是你的大脑让你害怕的。我们这么说是因为，在同一高度上，很多人并不害怕。问题

自我转变的惊人秘密

就来了：那些感到害怕的人，大脑里到底发生了什么，更重要的是，那些镇定自若的人们，大脑里又发生了什么呢？为了回答这个问题，让我们再深入探讨一下这些恐惧。

我们先就恐高症来说。对大多数恐高症的人而言，起床下地是一件轻而易举的事。真相就是，当他们看到自己在做某些事情的时候，他们就开始畏首畏尾了，他们因此有"感（觉）"而发（作），这是一个有效的起床策略。然而，如果你开始走到边缘，并想象自己可能掉下去，你感觉自己正在掉下去，因此你就开始眩晕。

多年来，当我在旧金山居住的时候，我常去曼达林宾馆测试恐高症。这个宾馆最奇特的地方是，在它的双塔之间有一个非常高的有机玻璃桥。站在桥上，仰望，你可以看到那无边无际、广袤无垠的苍穹；俯视，你可以看到那辽阔无边、一望无际的大地。

在采访了上百人之后，我找到了帮助人们克服恐惧症的方法。他们都经历过对自己"感到害怕"受够了的时候。

这是处理你的害怕非常重要的一部分。你需要做的就是，回顾那些你曾经感到提心吊胆的时候，当你回顾的时候不要把它们分离开，而要当作是接连发生的。现在做点特别重要的事，看看你的惊骇：让你对自己的胆战心惊感到厌恶。找出五个让你害怕的小事件，比如害怕飞行、恐高症等。你尤其要挑选出五次让你感到自己表现得很蠢的事情。

超越之道

旧金山曼达林宾馆的玻璃桥照片

回顾一下第一段记忆,接着第二段,依次到第五段。每一次回顾,都让内在的画面放大、拉近、加亮、声音加大,当你看着它的时候,当你看着自己身在其中的时候,有些事情发生了。我要你看看那画面,直到你到了某一个点的时候,你说:"这很可笑。"

如果你回顾了五段记忆,再次从头开始回顾,接着又更快地回顾一遍,再更快地回顾一遍,接着你就会真正对之受够了。接着,你内在的某个地方就会说,真的受够了,够了。

"受够了、够了"模式

1. 回想五个让你对自己惊恐万状的表现而感觉尴尬的场景。

自我转变的惊人秘密

2. 把你第一次有这样的感觉的场景做成一个内在的动画，再对第二次、第三次、第四次、第五次的经历也如此操作。

3. 把这五个不同时段发生的事情放一起，制作成一个自己看起来被恐惧吓坏了的连续的影片。

4. 当你播放这个影片的时候，把这些图片变大、变亮，你就会看到自己的表现是多么的可笑。持续播放这影片，直到你感到局促不安为止。

5. 持续播放，直到你开始对自己说，这太可笑了。我受够了，够了。

另外一件你可以做的就是，想象一个你在某种境况下正在害怕的定格照片。想象自己坐在一个电影院里，看着银幕上这张照片。接着想象你自己连同座椅一起飘浮到高空，你看着下方的坐着的、正在恐惧着的自己。这时开始播放电影。就像你在包厢中看着坐在影院里的自己，同时看着影片中的自己。当你看着惊慌失措的自己，我要你停留在这三个位置上，并在你的大脑里看着自己正面如土色，并对自己说，"这可笑极了"。当你看着自己正在担惊受怕，正在饱受惊吓时，你内在的某些东西开始感觉有所不同了。

播放完所有的影片内容，接着飘回影院，进入银幕里，接着倒放影片。让每个人的行为都倒过来，每个人的说话都倒过来，并加入一点马戏团的滑稽音乐，让这个影片要多可笑就有多可

就像你在包厢中看着坐在影院里的自己，同时看着影片中的自己。当你看着惊慌失措的自己，我要你停留在这三个位置上，并在你的大脑里看着自己正面如土色，并对自己说，"这可笑极了"。当你看着自己正在担惊受怕，正在饱受惊吓时，你内在的某些东西开始感觉有所不同了。

笑。然后，让你的大脑清空十分钟，然后再回想自己曾经害怕过什么。你会惊奇地发现，你的恐惧即使没有完全消失，也已经大大缓解了。

快速治愈恐惧症

1. 找出一个你特有的恐惧症。回想你曾经在何时经验了这个恐惧症（或者是引发了你恐惧症的虚构场景）。

2. 想象你在一个影剧院里，看着银幕上正在播放自己经历恐惧的过程。

3. 想象你自己正在放映室里，朝下看，看着自己正在观看银幕上的自己正在经历恐惧。

4. 将影片播放到最后，结局是你成功地从恐惧经验里走了出来，在影片最后想象自己元神归位，回到自己的身体里。

5. 在这部恐怖片的最后，你回到自己的身体里，想象这部影片倒着播放，让每一样东西都倒过来。你在退步走，反着说话、倒行，同时听着滑稽的马戏团音乐，直到回放到这个影片的开头，你切入到这个经验的地方。再想想这个恐惧症，留意到你的感觉有多么的不同。

6. 多次重复 1~5 步。

7. 留意当你做这个练习时你的感觉的变化，当你再想到这个恐惧的时候，注意到你是如何再也感受不到这个恐惧的！

自我转变的惊人秘密

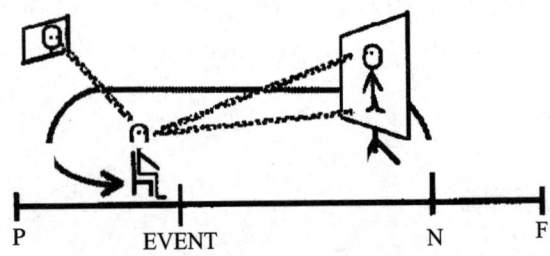

P（过去）；event（事件）；N（现在）；F（未来）

你也可以给影片加点笑料。这一次，你可以这样。当你看到一个高地时，你可以立马登上去。我过去曾把人们带到曼达林宾馆，我把他们弄得乐不可支，接着他们就咯咯笑，我接着就让他们沿着那条透明的桥走，并让他们朝脚下看。第一次当他们朝下看的时候，理所当然的，他们都会有些恐慌，但紧接着我就会让他们一步一大笑，接着再一步再大笑，因为每个人都说，当你回顾这个过程的时候，你将笑看自己的困难。你还等什么？如果你想在回顾的时候笑逐颜开，那么你就要在一开始的时候就眉开眼笑。

开怀大笑能刺激分泌内吗啡肽，它是改变我们大脑的非常重要的一个组成部分。你越对自己的担惊受怕感到好笑，越多的化学物质将分泌到你的体内。哪怕只是假笑，也是可以的。如果你现在停下来，看着你脑中同一幅让你害怕的画面，当你不再感到恐惧时，你就做好了下一步的准备了。请从你的椅子上站起来，走出房间，测试一下，在害怕时笑一下，再试一下，好好再试一下，一次次的，你的恐惧症就真的消失了。

超越之道

用笑来战胜恐惧

1. 回想某次你差点儿笑掉脑袋的时段——某次你笑得不可开交停不下来的时候。记住它给你的感觉是怎样的，你正想些什么，感受些什么。

2. 开始咯咯地笑，直到你笑个不停。

3. 当你捧腹大笑时，开始回想你曾经常常心惊胆战的事，留意你的笑是如何改变着你的感受的。留意当你笑时，当你回想恐惧时，恐惧的次感元正在你的眼前发生变化，正在以你感受到的方式变化着！

在成功地处理恐惧症的同时，也有一些解决焦虑症的有效方式。让我们看看那些因公众演讲而焦虑的人们。公众演讲引发了地球上最大规模的恐惧。相对于其他的恐惧症患者人数而言，公众演讲的恐惧几乎百分百地在每个人身上应验。我个人以为，这是当前教育体系下的必然产物，通常当学生没有完成自己的家庭作业时，老师总会让他们站在前台，以这样的方式来"修理"他们。这就造就了人们站在前台的紧张和恐惧感。

也有些乐得在公众前演讲的孩子们，喜欢加入××论坛俱乐部，他们学会了谈论任何的话题，哪怕他们并不相信他们所谈之物。他们经常步入政坛或是从事律师的职业。但是大多数来找我

自我转变的惊人秘密

的人们，公众演讲对他们来说就没有那么轻松了。来参加我的训练师训练营或公众演讲训练营的学员们，跟我分享了一个共同的事实：他们太关注自己了，反而忽视了演讲场地所发生的状况。

要克服你对公众演讲的恐惧，你得要听清楚你自己正在说些什么。我知道，学校里教你们要拿一些3×5（寸）的卡片做提示，但是当你参加一个会议，或商务论坛，或是你在给潜在客户做说明报告的时候，手里拿着一些3×5（寸）的卡片实在很不明智。

明智的做法是，观察你所获得的回应，并确保这些回应是合适的。不幸的是，大多数人都去关注自己的紧张去了，自己的胃部不舒服，或是声音的颤抖，他们越注意自己如何心惊肉跳，他们就越容易胆战心惊。有些人则是在开讲前有些担心，一旦进入状态就非常自然流畅。还有些人用压力来激励自己。当他们不再紧张时，他们就开始演讲，于是一切顺利。我认为这些演讲前的策略都是不必要的。

公众演讲的恐惧多是因为人们对当下的体验缺乏关注而引起。如果你脑袋里想着一些画面，你就很容易会紧张起来，接着就会引发身体上的一些难受的感觉。可是，如果你看着下面的听众，看着他们呼出吸入，并聆听自己的声音，你的感受会大不一样。通常恐惧需要被敏锐的感觉取而代之。紧张也可以通过掌控好感觉本身来解决。

超越之道

　　事实上，有很多次，在成百上千人面前，我会从听众中选一些人上台来。在他们上到台上前，我会问他们一个非常重要的问题："你的紧张是从哪里引发的？当我对你说，'我要你到台上来'时，你的紧张是从哪里开始出现的？当你想到要在这么多人面前讲话的时候，最重要的问题是，你感觉你的恐惧感在哪里？"他们通常会说："在我的胃里，但也是在那里消失的。"

　　接着我会问："那么，那是从哪里开始的呢？是从你的指尖开始的吗？还是前额，还是从你的喉咙，还是你的胸口？"当紧张感转移到胃里时，这个感觉依然会移动，或上或下，或左或右，因为从几何学方位上看，这些就是全部的可能了。

　　有时候，这种感觉非常紧缩而又有压力，人们都不知道该如何描述它。因此我常常让人们用他们的手指来比画朝前旋转或是朝后逆转的样子，直到人们真切地感受到内在的紧张感所旋转前进的方向。一旦你知道了这个感觉的旋进方向，你就可以让它加速旋转，当你这么做时，你会更为紧张害怕。但这并非什么坏事。相反，这是一件好事，因为此刻你已经可以掌控你的紧张害怕了。

　　当你在这么做的时候，观想那个漩涡，朝前或是朝后，不论这种害怕的感觉朝哪个方向移动，在你脑中看见一些红色的箭头朝向相应的方向移动。当你观想到这里时，停止漩涡的运转，把所有的箭头换成蓝色的，并让漩涡反向旋转。当你让害怕的感觉反转的时候，它们不再让你感到害怕了。事实上，你反而会体验到非常美妙的感觉。你不断加快它的旋转。接着你走上台前，面对听众。

这不仅仅是一个让你摆脱公众演讲焦虑的好方法，它同样可以解除对高处的恐惧，对蜜蜂和蛇的恐惧。只要你保持漩涡旋转的方向，当你不断加速它的旋转，突然间，你的大脑，在无意识的层面上，就会开始记录这些经验。当你试着回到你的旧有恐惧上时，你会发现这已经变得非常困难了。

一旦人们拥有了改变的机会，人们总会做出最好的选择。问题是，人们常常以为自己没有这样的机会。为了让你能够发现一个新的机会，我推荐你好好操练一下下面的练习。

逆转焦虑

1. 回想一些让你感到恐惧或焦虑的事。

2. 留意到这个焦虑在你体内的旋转方向，观想它有一些红色的箭头朝向它前进的方向。

3. 想象你把这个感觉移植到体外，把漩涡的方向逆转过来，并让红色的箭头统统变成蓝色，再把它们放回身体里，这样它们就在你体内往相反的方向旋转。

4. 继续加速这个感觉的旋转，并留意到你的感觉有何不同。

5. 回想那些让你感觉到舒服的东西。留意这种感觉是怎样的旋转方向。

6. 旋转这个舒服的感觉，并想象自己感觉非常好，这个练习以完美的方式进行着。

7. 当你这么做时，看着当下你眼前所呈现的事物，聆听当下你耳朵所能听到的声音，关注当下在这个现实世界里你所能关注到的事物。

大多数人都会有公众演讲焦虑，而非公众演讲恐惧。因为看到事情发展得不尽如人意，他们慢慢有了不好的感觉。我记得曾经有一次问过一个听众，他告诉了我他是如何制造出舞台惊恐的。我通常喜欢这样来做下面的事。我喜欢告诉人们："让你从这种困扰中放一天假好不好？如果你能请某个人来替代你背负这个困扰，然后你就不必受过了，这样是不是很好呢？那么，你唯一需要做的，就是将这个差事做一个完整细致的交待。"

针对这个特别的听众，我说道："如果是我来帮你领受你的恐惧感，我就需要如你所做的一模一样。那么我需要在我的大脑里想象些什么，才能在我身上出现你那样的焦虑感呢？"接着我告诉他，举例来说，当我想着要在一个听众面前演说时，我会想象一个眼睛闪着灵光的人正在热切地期盼着我的发言。我问，"你也是这么做的吗？"当然，这个人会摇摇头说不是。他告诉我，他所看到的人身小头大，眼睛一眨一眨的，同时他还听到了

自我转变的惊人秘密

自己有点口吃的吐词，接着"好事"就要上演了（让一位听众模仿他的内在状态）。他所看到的听众就像《魔童村》（上世纪50年代上映的老电影，一部讲述小孩用意念杀死大人的恐怖片）里的人物，仿佛是史蒂芬·金小说里的先驱。当人们了解了自己的行为，再学会了我教给他们的这一切后，他们会发现他们的感觉前后大为不同。

现在，让我们谈谈飞行恐惧症，我最喜欢谈这个话题，因为我太多的时间是在飞机上度过的。这也是通常我会碰见的比较常见的恐惧症。作为一个飞遍全球的人，我发现，莫名其妙的，我总是碰巧和那些有严重飞行恐惧症的人邻座。所以我不得不去帮助他们克服飞行恐惧症，而且我要做得快一点。我可不想看着他们在这几小时里又呕又吐，把空气弄得浑浊不堪，惨白着脸问我，还要多久才着陆。

有一次，我带着一位客户一起乘坐飞机，这个摇滚乐的乐师差点儿在飞机上魂飞胆破了。甚至他还带了一个私人医生给他随时配药，只差没跟这医生打起来。我和医生谈了谈，向他保证说，我会在很短的时间里让这个乐师好起来。

我靠近这个乐师坐了下来，我问他："是什么让你对飞行如此害怕？"他说："当飞机颠簸的时候，我确信它将要坠机了。我甚至还听到发动机失灵的声音，如果你透过窗口去看机翼上的发动机……它们看起来在颤动……机翼很快就要断裂掉！"我对他

超越之道

说："不，事实上，并非你所想的那样。机翼的柔韧性让它们始终保持完整。如果它们太刚性了，会很容易折断的。想想看，如果你有一根易脆的棍子，你让它自由落体，它很容易断掉，但是如果是塑料的、有柔韧性的棍子，它就会弯曲，并且可以承受一定程度的压力。"

我问道："你又是如何看待晴空颠簸（也叫晴空乱流，晴空湍流）的呢？"这是飞机撞在某个看起来坚硬的东西上而出现的状况。我又问："那会让你感到害怕吗？"他回答说："哦，天啦！我怕死了！"因此我又问："嗯，那你坐过船吗？船不断地起伏颠簸，撞击水面，然后又冲起——这会让你感到害怕吗？"他看着我说："当然不会。"我说："哦，飞机其实就是那样，它在硬空气上滑行。所以，事实上，飞机根本不会从天空上掉下去。每当它颠簸的时候，那就是在提醒你，飞机正在向上攀升，否则它就会直线下坠。"

接着我让他闭上眼睛，进入到自己的内在，感受体内的恐惧感，并加速这个旋转，然后反向并逆转，直到这个感觉放松下来。我让他开始放松，直到感觉舒服了再睁开眼睛，再看看具有韧性的机翼，并听听引擎的声音。我告诉他，看着自己能够享受平稳地飞行，透过无尽的云端，意识到飞行是最安全的事情。不然，你可能在过马路的时候遭遇车祸，所以待在飞机里真是一件再好不过的事了。这样，他会感到在飞机里他才是安全的。哪怕

自我转变的惊人秘密

我们遇到了一点晴空湍流,那只是意味着飞机正在向上攀升。

这些年来,我处理过各种类型的害怕、恐惧症和焦虑症。接下来要介绍给你的练习是另外一种处理害怕和焦虑的方法。现在,如果你已经实践过之前的每一步,当你用三种不同方式来处理同样的问题时,你会找出最有效、最快捷的方法来克服你的恐惧。

本书中设计的每个练习,都是用来帮你实现新的思考,以决定什么才是真正值得你去害怕的。比如你根本就不了解蛇,分辨不出哪一种才是毒蛇,如果你的恐惧让你远离它们,那么你最好也远离这种无端的恐惧吧。

有些人会害怕冰箱的拉门,有些人则害怕电话销售员。害怕并非坏事。害怕让你远离某些事物。你最好别去碰火。当孩子们还小时,他们都天生带着两种本能的害怕:害怕大的噪声和害怕坠落。这也就是为什么我们会在孩子们开始要做危险动作的时候,冲他们大吼大叫的原因。这种害怕会被转化,因此,不必把你的手放在火上,只要朝向火的方向移近,你都会感到心有余悸。这教会我们,并让我们意识到一个个的恐惧,直到有一天我们学会了"千万别过马路,直到你认为它是安全的时候才过"。

我们学会了害怕,因此可以让我们"嗖"地一下把手从火上拿开,也避免了用剪刀刺伤自己,或是眼睛被戳伤。我们学会的

超越之道

事情让我们走在正确的道路上。当我们的害怕太广，太一般化的时候，我们就会害怕犯错误。不管何时，你绝对不应该害怕的是——你自己的想法。当你想到那些让你后怕的事情，你只需要换个方式去想它们。你需要播放不同的声音。你需要把它们缩小。你需要明白：你可以掌控你的想法。这其中还包含了你如何认知你的过去。

Getting Over Bad Memories
超越不堪回首的记忆

接下来我要谈的是如何帮助人们超越不堪回首的记忆。这其中包括令人毛骨悚然的事件，比如强奸、犯罪、重创、悲恸和死亡。所有黑色的记忆都是以某种让我们难忘的方式而残留着。

处理那些反复困扰你的记忆尤其重要。大多数的负面记忆（图像）都是真人大小的。当你有了这类真人大小的记忆（图像）时，你可以用下面的方式来改变它们：把那些记忆图像缩小，把自己置身于图像当中，这样你能看清楚自己所穿的衣服（然后把图像移到侧边，让这些图像前后移动）。这个方法会改变你对这个记忆的感觉。

当图像前移的时候播放马戏团音乐，后移的时候播放难听的音乐，让你的感受从图形中分离出来，以便这段记忆不再困扰你。这些记忆的目的无非是要你学会某些东西，或是去享受它们，或是用它们来指导你的行为，但它并不能帮助你从创伤中解

超越之道

脱出来。这些年来，我帮助了不计其数的人从凄凄惨惨戚戚的记忆中走出，重新拾起对生的渴望。

举例来说，最近，我给一个年轻时曾被强暴过的女性做个案。她被轮奸——惨不忍睹的经历。更糟糕的是，她每天都沉溺其中无法自拔：不止一次，而是一而再再而三的。她活在持续的惊魂未定的情绪之中。她的身体因压力而垮掉。她无法想象任何东西，尤其是一个充满希望的未来。

维持一段关系对她来说根本不可能，因为每件事都会触发那段痛不欲生的记忆。虽然那次强暴发生在二十多年前，她依然被脑海里的画面——那些声音、味道，尤其是无助的感觉和失控感弄得精神瘫痪。强暴不是性爱，强暴是暴力。任何时候，只要有暴力发生，都是一件非常可怕的事。

我知道我喜欢不断重复这样讲，可的的确确的是，关于过去，最令人欢欣鼓舞、备感宽慰的一点就是它已经成为过去了，如果它还没成为过去，那就是你的脑子出了问题。并非是先前的事件或作奸犯科的人让你去回忆——是你自己，在你的脑子里，紧紧抱着那些痛苦的记忆不放。我们都是这样，毫无例外。当我妻子四年前过世的时候，她在我的臂弯里走了。这段记忆在我脑子里一再播放，我不得不自己来处理自己的这个问题。

超越悲戚记忆的第一步就是：看着它们，如同最后一次看到的那样。你会留意到，这些图像都是如同真人大小的。它们不是你脑中的一小幅图。它们也不模糊，也不散光，它们就像旧时的重现。

如果人们无法释放掉好事或坏事的影响，这是因为他们跟记忆联结起来了。不管是什么记忆，它总会栩栩如生。如果你抱着痛苦的记忆不放，那现在是时候看着它们，把它们一点点缩小了。

另外一件可以做的事就是冻结记忆的图像。我知道这听起来似乎很疯狂，但是你能采取的最好措施就是直接跳到记忆的尾端，冻结它，想象你自己在脑海里抓住一个白色的旋钮，你以非常快的速度打开它，它瞬间噗噗噗地变白了。要做得非常快，这样白色的光影就会完全盖住这个记忆，最后你就根本无法看见它。

这个过程就好比操作老式电视机上的那个亮度旋钮，当你突然把它旋到最亮，或是把你的相机完全曝光。重复这个过程两到三次，再缓慢地让图像回到原来的状况，现在再把它调整到20厘米见方大小。看着最后的图像，然后回放这段记忆至最初，让里面的人都反向运动，声音也反向播放。事实上，如果可以，朝相反的方向旋转你的感受。

如我说过的那样，感觉经常是向前或向后旋转。记住，有时候，它们感觉就像你胃里的一个结，但也是一个无法静止下来的结，需要你去适应它。因此如果你用手前旋，再倒旋，左移或右动，你就能找出令你不愉快的感觉的运动方向了——然后冻结它们，反向逆转，把图像也逆向，声音也倒放。

让倒放的过程快一些，就好像你在倒放一部电影，然后把你自己投射到图像之外，你可以看见自己郁郁寡欢。看着愁眉苦脸的自己，缩小这个图像，然后把它推得远远的。

改变你的痛苦记忆

1. 明确你想停止回想的记忆。

2. 留意其中的次感元。冻结框架，缩小框架。

3. 跳跃到记忆的终点，冻结框架，想象有一个白色的按钮，抓住它，想象它瞬间完全变白。

4. 重复这个过程 3 次。

5. 看着影片结尾的你，然后倒放这部影片，把影像和声音都倒放过来，在你体内向相反的方向旋转这个感觉。

6. 当你试着去回想这个痛苦的记忆时，你越回想它，就越难回忆起来。

要改变经年累月形成的习惯，你可能要多次尝试这个方法，时间最终会证明它的效果。年复一年，这位被强暴的女性把真人大小的电影反反复复地播放着。它演变成了一种习惯。她需要做的就是打断它。如果你能缩小这个图像，或是如果你能经常给它做变白处理，那么你的感觉将大为不同。如果你能反向运转到一

自我转变的惊人秘密

定程度，这个感觉将从根本上改变。你也可以从中抽离出来。你可以把自己置身其中，然后把它推得远远的。如果这样还不能让你从过去中解脱出来的话，接着你要进入到自己的脑海里，用某个东西来置换它，因为超越过去是远远不够的，你需要开始明晰你想在未来获得什么。

因为这件发生在她身上的事，她一直缺乏自信。这可不是什么好事。我让她看着自己期望的自己。这不是当下一刻的她自己，去装着不去做任何事。相反，她需要在脑海里一点点地创造一个她自己形象的图像，这个图像让她沉醉不已，会让她情不自禁地认为，这就是她想要的。这会帮助她充满生活的渴望。

当她看着那幅图时，也就是我们把它放大到真人大小的图。我们会把它变得更大些、更亮些。我们还要让它充斥在她周围，以至于她的每一根神经都会说，是的，这就是我想要的！

接着，再回到先前那个伤心记忆的图像上。不是真人大小，而是更小一些的图像上，把它推远一点，突然间把新图像拉到它的位置，然后放大到真人大小。看着你真正想要的图像，这样你就把你所惊悚的替换成你所渴望的了。

这是一个机械的功能，因为你需要同你的神经元沟通。你需要告诉它你想看到什么，你想感受到什么，不论何时当神经元向你展现过去某个你不想看到的图像时，你需要本能地把它变白，并置换成某个你渴望在未来看到的景象。

超越之道

这将指示你的神经元朝某个方向去运作。有些人会一再地回顾过去。甚至在治疗过程中，人们在穿越这些记忆时，会指示神经元说这就是他们想要的，直到你满怀期望地计划未来，否则很难从过去中走出来。你越频频回顾凄惨往事，你就越活在其中，你的神经元对它就越熟悉。

人类最大的本能并非生存本能。维吉尼亚·萨提亚曾经对我说过的一段话让我四十多年都无法忘怀。她问："你认为人最大的本能是什么？"我毫不迟疑地回答道："生存。"对我来说，生存本能才是最大的本能。她说："不，理查德，人类最大的本能是寻求熟悉感。"人们害怕未知。事实上，有时候人们宁愿自杀也不愿接受新鲜事物。

举例来说，曾经一位女士告诉她丈夫，她要跟他离婚。她告诉他说，他们的婚姻已经走到头了。当他想到没有她的日子时，他的恐惧和无力感所引发的惯常感觉让他如此的痛苦，以至于他更倾向于杀死自己而非去面对那个未知。我们有一个想要把事情熟悉化的需求。有她的日子对他来说很熟悉，没有她的日子让他整天痛不欲生，所以需要在心理上打破这个循环。

如果你将我分享与你的技巧只实践一次，这是远远不够的，要知道很多事都是你在脑袋里反复运转了很多很多次之后，你才会开始对之熟悉，然后才能远离痛苦，接近希望。你越远离痛苦，越修正你的痛苦，看看在痛苦中煎熬的你自己——你越关注

自我转变的惊人秘密

自己去做你喜欢的事情——你就越能够开始给自己的人生转向。

这个早期遭受创伤的女性不再活在自己的悲戚记忆里了。通过把她的记忆图像变白，缩小图像的大小，她重获了自由。

当你把图像缩小时，你就能很好地去处理它们了。当你盯着这个小电视，你是很难像在影院里看超大屏幕那么容易牵连进去的。同样的真实不仅存在于外在，也存在于内在。

当她看着自己的负面记忆时，这些记忆产生了一个逆向的涡流，所以我让她在脑中播放一段马戏团的滑稽音乐，用以掩盖那可怕的涡流运转声。当她这么播放着马戏团音乐并看着人们在里面倒退而行时，她开始对着这些滑稽的画面笑得花枝乱颤。

大笑能诱发大脑分泌安多芬，这是改变心智非常重要的一种物质。如果你不能对自己的过去一笑置之，你将无法从中解脱。所以，该付诸一笑了，哪怕一开始的时候是强颜欢笑。播放一些滑稽的音乐，加一点点背景噪声，然后让过去的事都倒行。如果这些图像是顺序播放的，用白色将空白地方填满，并置换成一些你真正渴望的事物的图像。把你的希望和梦想放在你的梦魇、恐惧或问题之前。心理学家或许会称之为压抑，我叫它规划。你也该规划规划了。

换一种心情面对昨日重现

1. 构想出你的时间线，并让自己游离在它之上，以便你可

超越之道

以看到你的过去以及未来。

2. 回想某一次你曾经感觉非常美妙的时刻,那时候你乐不可支,觉得生命中的一切尽皆美好,生命是多么地完美。

3. 栩栩如生地回想它,在你体内旋转这个美好的感觉。当你做到的时候,想象自己站在时间线的后上方,并让这个感觉停留在你当下的位置上。

4. 给这个感觉赋予一种颜色,并把它装在一条特异的管道里,感觉这颜料即将喷薄而出。向下看着你的过去。

5. 在你的过去,看着它是如何延伸到你出生的那一刻,看着这些你曾经拥有的记忆。留意到所有的糟糕的记忆都被染上了黑色。

6. 在你的时间线上方,想象点燃了这个感觉,沿着这根管道,让你所有过去的经验都烟消云散,包括那些黑色记忆,看着它们都改变了颜色,再也不同从前了。

7. 想象自己又回到当前,看着前面的未来,燃烧所有你对将来的感觉,以至于你会对此越来越兴奋,并真正兴高采烈地接纳那些存在于你体内的一切。

Getting Over Grief
超越悲痛

我接下来要谈的主题是悲痛。悲痛是当我们熟识的某个人去世的时候,我们自然会有的一种情感。如果悲痛有度,那也是合情合理的。在刚开始的阶段,学会超越悲痛很重要。然而,这么多年来,我一再接触到各种各样的个案,他们在事情发生后的三年、五年,甚至二十五年、三十五年乃至四十年后还依然悲痛不已,无法释怀。

悲痛到这种地步就已经严重过界了。当然,当与你相濡以沫一辈子的爱人离世后,你心里的他将成为永恒。当人们失去了孩子,理所当然地会伤心,而且会旷日持久。关于孩子的点点滴滴都珍藏在记忆深处,但他们可以从此不必再伤心。

事实上,我有一个个案是一位拥有四个小孩的母亲。她有个十六岁的儿子长期被癌症痛苦地折磨,他去世后,她几近崩溃。

超越之道

她丈夫把她带到我这里来，说他们这个家就要破碎了。她一直沉浸在悲痛中并不停地哭泣。我问他儿子过世多久了，他回答说："三年了。"我决心在这个时间点上来下工夫，让她大为震惊，好让她从自己的悲痛中苏醒过来，并去关注自己还活着的几个孩子。

我要问的问题，对于每一位曾经与他人阴阳相隔并从此悲痛不已的人，都至关重要。它很简单。我转向她，并问她，是愿意让我把她催眠了，还是让她得健忘症，以便让她忘记自己曾经有个那样的儿子。是否愿意放弃关于这个儿子十六年的生活记忆，以便让自己从当前的痛苦中解脱？她愤怒地看着我，严词拒绝，我就说："那好。你之所以不愿意放弃这段记忆，是因为如果你让自己得了健忘症，你遗忘了自己曾经爱过谁，你遗忘了所有美好的时光。事实上，这就是当下的时光。"

从心智清单上我们看到，有时候一件事情发生时，发生的是你头脑中产生了自己身处其中的图像。这些图像是联结型的。另外一些图像则是你看见自己在某些记忆里，这完全不同于前一种，因为它们是抽离型的。

那些挥之不去的死亡场景——事实上，是所有的死亡场景——当人们回忆已经死去的人时，他们都塑造了真人大小的图像，他们看着这些图，仿佛它们正在发生一样。要想从死亡之痛中走出来还真是不容易。当人们看着美好的记忆时，他们总是看

自我转变的惊人秘密

着自己在记忆之中，可惜的是他们也用同样的方式来记忆葬礼。当他们回忆葬礼的时候，就好像葬礼此刻仍在进行着。换句话说，他们与之联结了，这就阴差阳错了。

换图片的过程，就是教会人们如何停止回想死亡的悲剧，从悲痛中走出来，并开始回忆起那些美好的时光，与那些美妙的记忆联结。

我让这位痛不欲生的母亲进入到一个放松的、闭上眼睛的状态，让她回忆十个真正美好的记忆，看看她那时候都看见什么了，听到什么了，然后再回看这个不幸的记忆，看着她正在为医院病床上垂危的儿子而忧心着。通过来来回回地回忆以上的记忆，它能教会我们如何无意识地存储我们的记忆，这样，我们就能够抽离某人过世的悲伤记忆，而去联结美妙的体验。接着就剩下最后一步，那就是把它放回过去。

在我们的心智清单上，我们这样描述道：我们都有自己存储过去和未来的方位。如果你回想六个月前发生的事情，一年前发生的事，五年前发生的事，并且细致地描绘出你大脑中这些记忆之间的连线，你会发现它们之间存在间距。我们其实都是这样，对时间有一种距离上的标度。

有一个诀窍是，把这些不良记忆推得远远的，让他们成为遥远的过去。要是我们紧抓着某些记忆不放，仿佛它们在当下会发生，那我们就很难从悲伤中走出来，而无法获得自然的疗愈。有

超越之道

件我们需要做的重要的事是，回到我们的感官上来，看着周遭陪伴在我们左右的人们。每个人都会有些朋友，每个人都会有些亲人，哪怕是那些年长的人们，即使失去了自己的爱人（比如一起生活了五十年的丈夫），必须意识到自己还活着、身边还有其他人。

未来的不可思议之处在于：它在你的跟前；过去的妙不可言之处在于：它在你的身后。

超越悲痛的练习

1. 回忆起你对一个已过世的人的所有记忆。

2. 回忆起关于这个人的那些美好的记忆，并联结它们。感觉好像一切都发生在现在一样。

3. 回忆这些悲伤的记忆时，让你自己抽离。看着自己身处这些图像之中，就像看着自己在一个小小的黑白电视机里。

4. 利用你的时间线，想象一条线向你的背后延伸，代表你已经遗忘了的过去的某些时间段。想象自己把所有关于此人的这些悲痛的记忆都放在这段时间线上。

5. 想象一个美好的未来就在你面前，你全然地活在喜悦之中。

Getting Over Bad Relationships
超越不和谐的人际关系

接下来要说的主题，也是某些人需要超越的，是不和谐的人际关系。我一再推崇的是，一旦人际关系危机四起，你必须先做个决定，这就是建立一个新的信念：你值得拥有美好的生活。这是如此重要，但是大多数人做得远远不够。

我一度在某个弱势女性避难所工作过。最让我不解的是，这些挨过打、身上伤痕累累、被另眼相待的女人们，带着自己的孩子，蜷缩地坐在角落里不停颤抖着，为了逃避醉酒的丈夫对她们的再度挨打而一度无家可归。同样让我不可思议的是，当我说："你要跟他离婚。你要远离他，要保护好孩子们的安全。"她们却说："但是我爱他。"而且，有时候她们确信自己会离开他，而六个月后，她们又回到避难所，再次遍体鳞伤。

当人们的关系破裂了，并不需要给他们当头棒喝让他们彼此分开。有时候，人们要学会放下爱。在我职业生涯开始不久，我

超越之道

一个最有名的个案，是一位我们称之为欧德·派尼的小伙子。之所以这么称呼他，是因为当他走进来告诉我们说，他为伊消得人憔悴，千回百转，长达十年之久，他的生活完全以她为中心。

事实上，我们现在称他为一个跟踪者，因为他一句话都没和她说过。他对她一无所知，就爱上了她。早在大学二年级的时候他就开始跟踪她了。毕业后，她成了一位成功的乐师，但是他，却为了一段从未开始也注定没有结局的爱情神伤不已。他痴迷不已的这个女人其实并没有他想象得那样完美。无巧不成书的是，我的一个朋友曾和她约过会，她并非欧德·派尼心里以为的那样。派尼放下她以及放下对她的爱，就跟被挨打的女性需要放下一个糟糕的甚至是暴力性的关系那样同等重要。

人们常说，有些关系是相互依存、相互依赖的。如果一段关系不是建立在让两个人都更加美好的基础上，那么其中的一个人会让另外一个人的生命变得干涸。生活往往就是如此，或许更糟，一个人中断了这个关系，另外一个人却依然记得当时携手游遍芳丛，此时却人比黄花瘦。

这些都是人们必须学会放下爱的实例。坠入爱河很好，而且人们也通常很擅长这么做。然而，也有些人在感觉不适合的时候，很容易放下爱。我曾经有段关系，在不到一顿午饭的功夫就建立起来了。而且这还是我找到自己终身伴侣的那一次。当她过

自我转变的惊人秘密

世了,我在四年后才找到另一个伴侣。但是,要是我无法将她置之过去,我就无法将另外一个新人放在我的将来了。

当一个人离开人世,往往令活着的人悲痛欲绝,你希望用一辈子的时间去纪念他们。然而,人生总会走到一个点上,这时候你应选择留住美好的而放下痛心疾首的记忆,并且向前看,建立新的、色彩明丽的记忆。有时候,这个人没有去世,但他们不再喜欢你了,并离开了你。如果你还活在这段旧爱里,你就剥夺了自己重新面对生命、发现真命天子/女的机会了。

你始终要记得,有六十五亿人活在这个地球上,其中成千上万的人都还是单身。但是,人们还是会对我说:"我再也无法找到一个我爱的人了。"我认识的一位女性跟一位男士结婚三十多年了,然而,他经历了一次中年危机,跟他的金发碧眼的女秘书私奔了。

当她告诉我这些的时候,泪流满面。她看着我说:"我希望能跟他过一辈子。"她愤怒至极,心都被撕裂了。她心神错乱地望着我说:"你为什么还笑?"我看着她说:"很简单,亲爱的,大多数女人连找一个男人度过一整夜都找不到,而你却能找到一个交往了三十多年的男人。那意味着以你现在的年纪或许需要另外找一个了。或许是两个,如果你要活到一百岁的话。说真的,你当前的处境就是要你做一件更好的功课,但在这之前你要把他置之过去。我将告诉你秘密之外的秘密。"

超越之道

这个秘密就是:在放下爱的那个时刻,发生了所谓的门槛效应。它就跟受够了恐惧一样。其实就是一回事。我跟很多未经我帮助就能放下爱的女性们交谈过,所以我能描绘出她们是怎么做到的。当女性放下爱的时候,她们就到达了一个门槛。我有数十位朋友曾经告诉过我,"我很不明白啊。我们都结婚七年了,不管我过去做了什么,她都能忍受。可是现在她突然离开我,再也不想忍受我了"。

这就是一个放下爱的真人真事。我对此做了很多提问,因为我想知道如何帮助这一类人群放下爱。最后发现,其实过程很简单。如果一个男人或女人做了什么不愉快的事,你可以原谅他们。但是如果在短期内,他们做了太多太多让你愤愤不平的事,你的内在建立起了消极的感觉,你开始听到这样的话语,"这是最后一根压死骆驼的稻草了(我对你忍无可忍了)。"

我们想要做的就是把这根稻草放在恰当的位置上,并且在恰当的时机放在骆驼的背上。这个方法其实非常简单。如果你的爱人让你忧心忡忡,或痛彻心扉,但他们又没有频频如此的话,你可以这么做:你回顾过去,提取记忆,选出五个或十个记忆片段。把这些记忆真人大小化,这样一切如旧日重现,历历在目。

你依序播放每一段记忆。有时候,把这五个记忆片段写下来不失为一个好主意。确保你记得住它们从哪里开始。快速地播放,流畅地连接。然后在你脑子里播放,加上声音、感觉——所

自我转变的惊人秘密

有的伤心不悦——加快你体内感觉的涡流转速以及增强其力度。

把这些画面弄得比实际大小还要大，从头至尾地播放，这样你连续不断地回忆这五段记忆，或许是十个。图像将快速翻过，你的感觉也开始变化，接着会发生什么呢，你就会达到那个点上。这是因为处在爱中的人们和处在悲痛中的人们是一种状态，那就是你会联结这种感觉，而抽离掉了过好未来的决心。

当你播放到五个或十个不良记忆的尾声时，你再播放跟这个人有关的美好记忆，看着自己眉飞色舞，把这些图像缩小。反向播放这些片段。以美好记忆开始，回转到你开始坠入爱河，直到你与这个人素昧平生的时候。

事实上，通过熟练地操作你脑海里的图像和声音，能真实地改变你的感觉。当你回顾这些感伤的记忆时，你总会把它们放大、放近并看见自己看着那个人在做自己不喜欢的事。通常人们总是好了伤疤忘了疼，这时候加上一个不好的感觉会有所助益。他们会忘记自己曾经多么害怕，多么痛彻心扉，所以，当他们回忆跟某人在一起的时候，他们还幻想着彼此的关系依然很好。

我的一个朋友，一位很有名的人，曾经告诉我说，他一次又一次地爱上同一个女人，但是这个女人总是投入他人的怀抱，这让他很受伤，于是六个月后，他和她又一次分手。他其实早就厌倦了这个女人的水性杨花。我让他经历了我刚刚告诉过你的这个

当你能引导你的想法时,当你决定选择哪些记忆需要去联结,哪些又需要抽离时,当你有意识地去主导你的想法时,这才被称之为"思考"。

流程，他到达了那个点，这些图像开始走样，他到达了门槛。

接着我让他回想一件他在地球上看过的最不堪入目的事，他看着我说，"被剁过的肝脏——特别是那个味，一张图片就会让我想吐"。我让他看着一个装满了被剁过的肝脏的大盘子，让他去闻，直到他真的升起了呕吐的感觉。在那个图像的中间，我让他补上一张她的笑脸，每一次当他想到她的时候，这张笑脸就会变成被剁过的肝脏。

我们自身具有的跟某些事物联结上好或不好的感觉的能力是一个有意识的选择。当你能引导你的想法时，当你决定选择哪些记忆需要去联结，哪些又需要抽离时，当你有意识地去主导你的想法时，这才被称之为"思考"。只有在我们主动思考时才称得上是有思想的人。要是一味任由思绪信马由缰，我们就失去了身而为人的自由了。

放下爱

1. 回想一个你想放下爱的人。

2. 回忆所有与之共度的美好记忆，并看着你在其中。看着这些记忆反向播放，以缩小的黑白影像来播放。

3. 回想起所有他们不曾善待你的时候，以及所有那些不爽的感觉，想象自己在看着记忆中的他/她，完全的联结感。

4. 把所有他们干过的不可理喻的事情都连贯起来播放，一个接一个的。反复几次,直到你受够了他们。

5. 找出你会恶心的某种东西,把这个人嫁接到让你恶心的图像的次感元里。

6. 想象一个没有他们的、自由的未来,想象自己满心欢喜地步入这个画面。

Getting Over Bad Decisons
超越错误的决策

每一天，我们都被数以万计的选择包围着。我们不得不做很多选择，或大或小。有些选择无关紧要，有些则会彻底改变你的生活。

超越错误的决策是让我们的生活有序进行的根本。为了让自己做得更出色，你得确保自己能做出更好的决策来。这其中很重要的一个因素就是你思想的状态。

不好的思想状态有很多的表现形式。我这里将要处理的是那些让你并不心甘情愿去做事的思想。超越错误的思想是整个过程中一个重要的部分。在你感觉不好的时候，你就会做出不好的决策来。当你思考不当的想法时，你将感觉很糟。当感觉很糟时，你就会做出糟糕的决策。因此，心情不好的时候不适合做决策。

因此，做出一个明智的决策的第一个诀窍是，要学会在你感觉很好的时候做决定。这意味着在你有需要的时候，你开始表现出良好的状态，并发展出超越不良状态的技能来。

让痛苦的想法成为过去，让阴霾的心重见阳光，可以通过改变你的状态和改变你的想法来实现。当你走入自己的内在，并且觉察你自己在这种不愉快的情绪中的一念一行，并且改变它，你会发现自己感觉好多了。举例来说，我们常常恶语中伤自己，还一味地苛责自己。为了转变这种状况，我们要学会用重复一个咒语的方式，来打断这些负面思维模式。我最喜欢的咒语是"停！"因为它很好用。它之所以有效的原因是，它简洁明了地告诉人们该做什么。有时候，你有必要全方位掌控自己对自己所说的话。这样再去用更好更成功的内容来替换就有用多了。

消除错误想法

1. 留意都是些什么不良想法在你大脑里来来去去，你又对你自己说了些什么让你感觉这么糟糕。

2. 当你对自己说一些无益的话时，重复这个咒语，"停，停！"一再重复。

3. 每一次当你对自己说消极内容时，就重复这个咒语。

4. 开始用和善及中肯的声音，对自己说些更友善、更激励人心及赞美自己的话语。

5. 除了跟自己对话外，我们还要在头脑里制造图像。如果你改变内在图像的特性，用不同的想法来替换它们，以便让自己

如果你发现自己处于消极的或是匮乏的状态中时,你可以靠转变你感受的元素来调整你的心情。

感觉到舒服的话，你就开始有了不同的感觉。要是你能做些肢体运动，让自己处于不同的生理状态，你的感觉也将不同。一旦你感觉有所不同了，你就会在一个更好的状态里，思考将更为明智。当你感觉很棒时，你更易于做出明智的决策。

转变你的心情

1. 当你心情郁闷时，有三样事会发生。你会制造出让你感觉不爽的图像，用悲观的论调跟自己对话，并且感觉糟糕。留意这些图像、声音以及感觉。

2. 想想你想要做些什么，弄清楚自己想要到怎样的有益状态里去。

3. 移开那些负面的图像，用积极的图像来替换，以便让你感受到你希望获得的感觉。

4. 用咒语来停止你内在的负面对话。用积极的自我确认、暗示、鼓励和赞美来替换它们。

5. 注意当下的感觉旋转的方向。反向旋转这个感觉。

6. 改变你的生理状态。动起来，用不同方式的呼吸，想象自己处于巅峰状态。看着你所看见的，听着你所听见的，在你体内剧烈地旋转这个感觉。

做出优良决策的下一个步骤是，学会辨识决策的优劣。比如

自我转变的惊人秘密

说,当人们在对抗药物成瘾时,他们会坚持三到四周的时间。接着,他们就把持不住了,他们会对自己说:"哦,就让我只喝一口吧。"他们知道得很清楚,但做又是一回事了。他们自欺欺人地说:"哦,我能搞定的。我再注射最后一次海洛因,不会有事的。"

大多数情况下,这都被归为无益决策的范畴,而非错误想法的范畴。做出无益的决策对大多数最后跑来找我的人来说,都是非常严重的问题。我认为我们所有人都在做好的决策,也都在做不好的决策。而其中的诀窍就在于能否说明白决策本身的好与坏。

我让人们坐下来,回想自己曾经做过的最糟糕的决策。接着,我让他们回想自己曾经做过的最明智的决策,然后详细对照心智清单,去留意两者之间图像的差异。

他们必须完成清单列表。哪个图更近一些?哪个图是彩色的?哪个图是黑白的?这么做就是为了要了解两者间的差异。怎样的感觉导致了优良的决策?怎样的感觉又制造出了错误的决策?你要分类整理出这两种图像上的差异,还要分辨出内在声音的位置,以及所说的内容。这声音听起来是朝外还是朝内?是迎面而来的,还是离你而去的?

所有这些就是我们考虑事情时的方式。我们做出错误决策的方式和做出明智决策的方式是迥然不同的。当然,这两者之间还

超越之道

有个灰色地带，然而大多数时候是因为我们没有对之深思熟虑过，不知道将它置于优质决策一边，还是置于糟糕决策一边。

很多很多的人们做出错误的决策并付诸行动。这些决策以某种特别的方式运作。我曾经跟海洛因上瘾的人共事过。对海洛因上瘾可不是什么好事，因为那会毁了你的生活，让你抢劫商铺，偷自己家里的钱，而且最终还会毁了你的健康。只要稍微使用过量，你就会被秒杀。然而绝大多数的海洛因吸食者并不停吸，并反思说，哼，现在我要开始恢复健康，克服身体的上瘾，或许我再也不该吸食它了。

同样的事实也发生在可卡因上瘾者和其他上瘾症患者身上。有些人对割腕上瘾，对制造伤疤上瘾。他们认为从长远来看，这并不会伤害自己。有些人则认为如果他们总是不停地吃，是个不错的想法。他们认为，只要我吃完这只鸡，我就会感觉舒服多了。真相是，他们此后的人生将并不如意。

做出有关当下需要做什么的决策时，这需要基于你脑海里的有一个适合这个决策的影片。它的长度要适宜。如果太长了，人们就很难做决策，反而会陷入过度分析的过程中去。如果太短了，这又会导致人们做出低劣的决策，因为人们对事情的考虑不够全面，对后果的评估不够充分。

我发现大多数吸毒成瘾的人并没有看到图像中的自己，他们只看到真人视野下的毒品，并且记得他们吸食后会拥有的一点点

自我转变的惊人秘密

冲动。他们并没有播放接下来的影片内容。他们并没有想象接下来的后果是什么，吸食后的麻烦是什么以及戒毒的痛苦和不得不再掏钱买更多、不得不扎针等等连锁反应。事实上，要成为一个吸毒成瘾者是一个浩大的工程。那需要浩大的努力，浩大的奉献精神。通常人们是很难有能量去上瘾的，除非脱瘾症状会诱发人们走出去抢劫酒吧，或是做任何其他鸡鸣狗盗的事。

哪怕是一个很小的上瘾习惯，或只是饮酒稍微过量，你内心深处非常清楚，你需要对此有所控制。有些人根本不以为然。他们自己认为，多一点点无伤大雅嘛，还自认为很理智。当你没有真正停下来，并认为这是一个好的决策时，你才会这样。要是你能看到你的优良决策与低劣决策之间的差异时——要是你现在就看看它们之间的差异，看看它们位置和大小的差异——低劣决策不断产生新的错误决策，引发了你一系列不恰当的行为。

能对此做出调整是非常重要的。第一个你要做的决策是——我要再注射一剂海洛因吗？——你看着它，并把它放在"优良决策"的心智清单里对比，你会发现它并不匹配。那么，到底什么才是优良决策呢？当你看着你的决策，开始延伸这部影片，开始看见自己身在其中，接着把影片延长些，半年之长。那将大为不同。

你会看到自己是如何不止一次地吸食海洛因以获得快感，而为了一而再再而三地吸食它，你不得不开始偷钱，不得不打电话

超越之道

借钱,钱再次花光了,像风中的叶子一样抖瑟着穿过逼仄的小巷,一些彪形大汉朝你脸上撒尿,直到你开始想:"我真的想要这一剂海洛因吗?我真的想要吗?"突然,这个回答将会是"不!"在做正确或错误的决策时,我们有倾斜心理的天平的能力,因为如果你只是如实地看着它的话,哦,这样,我只是感到有点焦虑,如果我吃一小块巧克力蛋糕的话我就会好一点,这样是没有助益的。但是如果你不是吃一块,而是一千块巧克力蛋糕,你感到自己饱胀得不行,无论走到哪儿,人们都笑话你,因为你严重超重,这才会帮你感觉有所不同。

如果你想象自己每晚都很消沉,孤独而不幸,并且对你这辈子吃过的所有东西感到后悔不已,然后节食减肥,又增重又减肥,又增肥再减肥——这时你决定:我可以吃这一块蛋糕吗?如果你说:"哦,这将让我拥有五分钟的舒服"或"这会让我这辈子都感觉舒服吗?"两者的答案将大为不同。

出离背景而做出的决策,是有必要去检视的。做个不良决策是非常容易的,尤其是如果你问:"我可以再多喝三杯啤酒吗?我可以再来一提六罐罐装啤酒吗?"你不能这样来做决策。相反的应该这样问:"我今晚想感觉舒服,还是想鸡犬不宁呢?我准备撞坏我的车吗?"

当人们已经醉酒了才去做决策,就太晚了。相反,他们应该在离开家门的时候就做出决策,不管最后是否能清醒着开车回家。如果你在离家的时候做决策："嗯，我将只喝一杯啤酒。"而当你到了酒吧时却说："嗯，就让我再多喝一杯吧。"你并没有做一个决策，而是迷失在其中了。但是每个人，毫无例外的，都迷失在自己今后生活中的决策里了。

这也是我们接下来要讨论的。我将给你一个做决策的练习。优良决策与低劣决策的对决。你坚持的决策与你放弃的决策的对比。一旦你明了了这些东西之间的差异，你将非常容易做出明智的决策。这还将引导那些不良想法有所转变，它们将促使你停止对不良想法的思考，并开始做出好的决策来。

做出优良决策

1. 回想某次你做了一个真正好的决策。
2. 找出这个环节中的次感元，并在下表中填写出来。
3. 回想自己曾经做过的一个低劣的决策。
4. 找出其中的次感元，并在下表中填写出来。
5. 想一个你必须要做的决策。试着去思考你的可能性选择，看看它们隶属于哪一类次感元里。
6. 确保你对这个决策所带来的可能性结果都做了深思熟虑，那么这就是你的最佳选择了。就这么定下来，坚持你的决策，直到下一个更有效的决策出现。

做出优良决策意味着你需要克服所有你将要面对的困难。通

超越之道

过使用次感元,你可以对过去的问题所带来的感觉做出大幅调整,而且你会发现自己能够重新建构你的经历,那些曾经伤害过你的事物都不再起作用了,曾经困扰你的东西不再影响你了。你将学会逐渐改写你的神经元,你对自己的信念、恐惧、记忆、人际关系和决策的感觉大为不同。

		优良决策	低劣决策
视觉的次感元	图像的数量		
	动态/静止		
	尺寸大小		
	形状		
	彩色/黑白		
	聚焦的/分散的		
	明亮/昏暗		
	在空间里的位置		
	有边界/无边界		
	平面的/三维的		
	联结/抽离		
	近景/远景		
听觉的次感元	音量		
	音高		
	音质(音色)		
	速率		
	音调		
	持续时间		
	节奏		
	声音方向		
	和谐度		

自我转变的惊人秘密

续表

		优良决策	低劣决策
肌肉运动知觉的次感元	在身体的部位		
	质感		
	温度		
	脉搏率		
	呼吸节奏		
	压力		
	重力		
	强度		
	运动/方向		
嗅觉的/味觉的次感元	甜味		
	酸味		
	苦味		
	浓香		
	芳香		
	刺激性（味道的强度）		

当你开始感觉有所不同时，你就开始了一个全新的、心想事成的生命进程了。在开始之前，你还有必要知道，要是你能从过去习得的困扰里走出来，那么你也能够从容面对当前情况下可能面对的挑战。

穿越之道

设法完成事情是生活的一个重要组成部分。我们不得不"放下"过去，但是我们不得不"通过"现在。所有的事情都归于此类。

人们形成的强迫行为和习惯都是徒劳无益的。通过帮助他们理解这些习惯和行为，他们可以形成新的、更有用的习惯和强迫行为，这将帮助他们享受更丰富多彩的生活。

有时候人们必须要去经历的一件事情是康复。这可能是从一场悲剧，或身体疾病，或自然伤害中康复过来，这将使得他们更快地回到完满的生活，并且过得更加幸福。

我们大多数人认为，放弃是我们生命的一个必经之路。它常常发生在我们感觉陷入困境之中想要放弃的时候，即使我们知道需要继续下去。一旦你学会了度过这些艰难的时刻，你可以实现任何你决心达成的事情。

当然，生活中也有很多大事件发生。我们的婚礼、葬礼、生日派对以及特殊的社会事件等等都是类似的例子，这些都需要大量的规划和努力以及决心。经历这些事件是我们一个重要的成长过程，这样我们就能越来越自如享受这些重要时刻。

我们在生活中还面临着不同的考验。考试和面试是获得机会的必不可少的敲门砖。当你学会了应对这些事情之后，它将帮助你创造你期望并值得拥有的未来。

最后，我们会觉得有责任来完成它。从圣诞节与家人在一起到工作餐，我们认为我们都有责任参与其中，即使我们不情愿如此。为了完成这些责任，如何控制时间流逝的速度是非常有必要的，这样我们就能让这些经历的时间飞快地流逝。

Getting Through Habits and Compulsions
穿越习惯和强迫行为

有时候，我们所说的强迫行为就是习惯，当我们习以为常地去做一些事情，它就成为了我们的第二天性。有时候，强迫行为能影响一个人的一生。习惯和强迫行为的主要区别在于，习惯仅仅是我们惯常做的无意识行为，而强迫行为是指你感觉被迫去做的行为。两者非常有共性，我将在此一并介绍。

首先，我们将探讨人们形成的习惯，比如吸烟、暴饮暴食。这样，我们可以更仔细地审视促使人们走向无益的强迫行为。

我将先探讨如何打破坏习惯，因为人们必须要借助的是一个习惯——最终他们不得不培养改变坏习惯的习惯。

多年来，一直让我觉得不可思议的一件事情是，当人们来我这时，他们可以直接注视着我的眼睛说他们正遭受着不可言说的痛苦。毋庸置疑，我经常看着他们问："你确定吗？"回答惊人的一致："是的。"甚至常常半信半疑的人对此似乎也总是非常肯定。这就是所有的这些事情相同而又矛盾的地方。

当我们有了一个坏习惯后，第一步就是要摆脱它。举一个简单的例子，比如以吸烟为例，吸烟人士到最后才明白这对我们的身体无益，所以不再吸烟。我曾经碰到过一个吸烟的医生，他说，你可以一直吸烟，到你四十岁的时候也不会有任何不良影响。然而，我认识的很多人，在他们三十多岁的时候就患上了肺癌。

当人们有了坏习惯后，他们似乎都在做着我称之为"软糖因素"或"芬兰格"（phenagle）现象的事情，这真让人匪夷所思。这是我们的思维找到的一个逃避我们应做之事的方式。当然，也有很多青少年吸烟，他们也许根本没有考虑这么多，但最终，我们都希望停止吸烟，有的人尝试了一遍又一遍。问题是，没有充分的心理准备，习惯是难以除掉的。

当人们的努力没有成功，他们逐渐灰心丧气。这时他们开始树立了新的信念，认为他们永远无法做到。打破坏习惯的第一步就是要转变我们的信念。在本书伊始，我们阐述了好坏信念之间的差别，有无效果的信念之间的差别，坚定的与易动摇的信念之间的差别。

现在，我们要回头看看，我们需要建立的信念与什么可行性有关，所以我们先聊聊几个不同的技巧。

比如吸烟，第一个步骤是建立信念：相信你能够戒烟。你的

穿越之道

信念是可以实现的。当大多数人戒烟后，他们偶尔仍然有吸烟的欲望，并且时不时地冒出来，因此他们开始焦躁不安，变得烦闷，于是他们又吸了第一根烟。其实应该制定一个计划，让你自己相信你能够克服这个不适应的感觉，这样一切就不同了。你只需简单告诉你自己：我有了别的欲望，但是我没有采取任何行动。有时候，你有掌掴他人的欲望，但是你没有这样做；有时候，你想对银行的人吼叫，因为他们占用的时间太长，但是你没有这样做。我们都有很多欲望，但是我们都清楚地知道没必要行动。

戒烟并不是一蹴而就的，而是慢慢戒掉的。我知道曾经有很多次，我很想给有的人以致命打击，但是我并没有这样做。我有强烈的欲望，但我没有任何动作。在海滩上，我见过很多面若桃花的女人只穿着比基尼，但是我没做什么。我可以控制我这样的欲望。

想象一些这样的图像。同样的，注意次感元。这个图像在一个确定的位置。它是确定的尺寸，确定的距离。它有声音，也许有一个声音说，你最好不要这样做！它来自一个确定的地点，它建立了一个特定的感觉，这个感觉让你停止按你的欲望行事。注意感觉移动的方向。这时想象香烟的图像，把它贴在这个位置。

同样的，移动图像到正确的位置，并且取代你自己的图像，

自我转变的惊人秘密

拒绝香烟，不要拾起来，去做所有你需要做的事情，这样你就不再只想着吸烟了。当我让人们戒烟时，我没有让他们扔掉香烟，而是让他们把香烟放在面前。我让他们点燃一支烟，把它放在烟灰缸里，凝视着它，这样，精神上确保他们能够进入到克服欲望的状态。他们感觉越糟糕，它们就越能抵制住尼古丁的诱惑，所有的欲望就在那儿，他们能够控制。他们盯着那支烟，内心挣扎，但是他们明白，他们不能有任何行动。

怎样戒烟

1. 想象一个坚定的信念，引出次感元。

2. 想象你想要但是并未采取行动的东西，引出次感元。

3. 想象在未来的一个情况下，你有了吸烟的选择。把这个图像移远，再把它拉回到你想要但没有行动的事情的次感元上。看着你自己并未付诸行动，从此以后，做一个快乐又健康的非吸烟人士。

4. 把这个图像推至远方，再让它迅速回到坚定信念的次感元上。

5. 重复步骤1～4，每一次都快速完成。

接下来要做的事情是构建欲望。欲望以特定的方式运作。如果一个人吸烟，他们想的是香烟，他们的身体会经常说，我需要

穿越之道

它们！所以，如果你吃完饭，瞧见了一包香烟，如果你看到别人点烟，你的内在就产生了欲望。

为了戒掉所有的坏习惯，有一种方法能改变这些欲望。让我们还是以吸烟为例。马上停止手头的事，想象一幅香烟的商标图像；或者如果你看到别人点燃香烟，你会发现什么；或者你把你的叉子放在餐桌上，点燃了香烟，以及任何引发你想吸烟的处境。

当你看着这个图像，你觉得你想要一支烟，停止，想象一个你自己不抽烟的图像。看见他人点燃了香烟，但是你没有。当你看见这个图像，调整它，这样你看着它，你期望如此。问题是大多数人并不知道，当他们看着自己去做他们想做的事情时，他们需要看着自己在这个图像之中。但他们不在那儿。当你看着这一切，触发了坏习惯，如果你真的在那里，你看见了什么，你需要看清这一切。因此，不是要看着你自己吸烟，你应该看到的是哪些让你感觉想要抽烟。

诀窍是代替它们，因为你需要做的是改变它们，尺寸大小或距离远近都可以。我喜欢从改变尺寸开始，想象一个小图像，在这个图像中你看见你愿意的方式。想象一个触发你想吸烟的大图像。

这时，你想象自己吸的一盒烟的大图像，或看到其他人抽烟，你只需调整它，使之完全成为白色，这时，想象小图像，让它出乎意料地出现，这样你告诉你自己的思维不是这……这！不是香烟……作为一个非吸烟者，你一直坚持这样做，这时你想象小图像突然变成大图像，抽烟的欲望被成为一个非吸烟人士的愿望取而代之。这奠定了基础。

事实是，如果你三周之内没有抽烟，而且每次欲望升起来，你让它从你的大脑里消失不见，这将使一切变得容易得多。当需要保持坚定的决心来做事情，或需要完成你做的事情的时候，它就将派上用场。这意味着，你需要花上好几周时间来培养一个新习惯。

你需要培养的新习惯是，坚定地告诉自己，不要吸烟。如果你把这个习惯在你的心里牢牢扎根，而且你使得你强烈渴望的图像保持为白色，这样每次在你身体之内有了渴望的感觉时，你能停止它，把它向后旋转，用你能控制你的欲望的感觉来取代它。

改变你的渴望

1. 想象激发你想要停止欲望的任何动机。

2. 想象电影从这里开始，立即全部变白，这时，开始想象欲望的图像，迅速将它调白。

3. 用你自己新加入动作的图像迅速替换这个图像，新图像的内容要看起来快乐又无拘无束。这可以帮你将渴望附加到你想从习惯中解脱的想法上。

任何强迫症都不是在过去起作用的,而是在现在。

穿越之道

4. 重复步骤 1~3 次，注意你自己的不同感受。

有时，习惯似乎就是我们不假思索就做的事情。在某些时候，我们可以感受到，好像我们不得不去做一些事情，因为渴望如此强烈。我们可以把这个习惯称之为强迫行为。强迫行为是指我们感觉不得不去做一些事情。

人们常常无法克制自己的欲望。他们强迫性地暴饮暴食，强迫性地抽烟，强迫性地为所欲为，不管是挖他们的鼻子还是拔眉毛。从强迫性的挠痒者到对每件东西都有洁癖，以至于他人无法与他同居一室的人，这样的人我见过太多太多。

这些人都患有所谓的强迫性紊乱。这只不过意味着一个人感觉不得不去做一些事情，次数之多，以至于干扰了他们的日常幸福生活。

治疗师试图做的是寻找问题的根源，希望了解它能有助于停止人们的迷恋。然而，就如同其他事一样，理解本身并不能产生任何变化。他们是在缘木求鱼。任何强迫症都不是在过去起作用的，而是在现在。要改变它，你需要帮助人们在当下做一些不同以往的事情。

几年前，我曾经治疗过一个女人，她是和她的丈夫一起来我这的。她告诉我说，她强迫性地清理抽屉。她打开抽屉，把它弄干净，甚至里面确实什么都没有了，她还会把抽屉拿出来看，认

自我转变的惊人秘密

为可能有污垢，于是她又会清理一遍。她清洗抽水马桶，用吸尘器洗地毯，她放了一些塑料片在地毯上，这样当你走在地毯上的时候，你其实并没有踩在地毯上面。

她让她的丈夫和她12岁的儿子在车库里脱光了衣服，换上一次性服装，进入到房间前必须换上拖鞋（就像外科医生穿的那种鞋子），这样当她看着房间的时候，一切一尘不染。没有人可以坐在客厅的沙发上，她的儿子可以到他的房间，但是如果有什么东西放乱了，她会大声尖喊，对他吼叫，以致她丈夫都准备离开这个家了。

直到现在我都还记得当时我看着他，忍不住哈哈大笑，他问："什么这样好笑？"我说："嗯，这样说吧，我简直不敢相信你能让这个事情发展到这步田地！"他说："哦，她这十多年一直在看精神科医生，你知道，她一直在吃药，她在做治疗……"

我说："是的，但是我也要告诉你，这是你的房子，你的儿子，而事实上，你却让她在这上面走得太远……让我们给这个地方取了一个名字（注：打破状态）……我们说这的意思是，你在这个事情上表现得太懦弱了。"他说："但是，如果我试图说服她……"我说："我不是在讨论怎样说。在你离开这儿，身上一身脏，到家后，打算把它扔在地毯上，因为如果她不清洗它，你就有大麻烦了！"

她看着我说："如果他这样做，我会疯掉！"我说："你疯掉总比你的儿子和你丈夫一起疯了好，我就是这样想的。你已经有

穿越之道

了一个问题,你要学习如何处理它。"我让她闭上眼睛,看着她的房子,从一个房间走到另外一个房间,从这个抽屉到那个抽屉,全部是消过毒的。地毯上没有凸起,没有脚印,没有杂物,它是洁净无瑕的。

我望着她,她坐在那儿,笑靥如花,我对她说:"你刚刚仔细看了这个绝对完美的家,我希望你认识到,这儿没有任何人居住的任何迹象。事实上,这个房子如此洁净,传达给你的信息是,你最终将孑然一身,孤独终老。你的丈夫将离开你,你的儿子将不再和你说话,你不会有朋友,由于你如此挑剔,你甚至连只猫都没有!你是这个星球上最孤独的人之一,你将孤寂地死去。但是空抽屉仍然将被消毒,被打扫干净。"

她睁开眼睛,看着我,一滴眼泪从她眼里夺眶而出。这时,我说:"现在,再闭上你的眼睛,看着你的地毯,看着它上面的脚印。在你儿子的房间里看看,看到地面上有件内衣,意识到这意味着你不再孤单。你爱的人在你身边,一切都有点格格不入,杂志摊开着,有一页折皱了,这些都有着不同的含义。因此,如果你爱你的儿子,如果你爱你的丈夫,如果你爱的迹象是他们陪伴在你身边,他们永远不曾离开你,那么这将使你感到快乐。以这个感觉开始旋转它。因为任何值得拥有的感觉都是值得旋转的,旋转再旋转。"

我让她重新想想她干净的房子,这样她能看到她的强迫行为

自我转变的惊人秘密

的不同含义。有时候，如果你让一个人从不同的角度看问题，这将帮助他们对此有不同的感受。我还帮助她发展了另外一个必不可少的特质。

这是我帮人们解决的问题中非常普遍的例子。所有的问题中，不管是节食，不管是与你不喜欢的亲戚共进晚餐，抑或是准备面试——我们每个人都有必须要面对的事情，我们不能没有处理这些问题的决心。

如果有人有做清洁的强迫行为，要放弃它并不容易。我告诉她相信它将让她舒服一些，我可以让她开始这样做。任何东西不在原位就会使她焦虑不安，如同其他强迫行为一样，这成了她的例行规矩，而这让她感到很舒适。如果锁上门六次，再开门六次，再锁门六次以上，这些规矩将形成舒适感，而不是焦虑。

恐慌症患者将明白这一点。有的人会在车内发作，有的人会在公开场合发作，有的人一踏出家门半步就惊恐万分。他们都有一些自己的例行规矩，因此证明，他们在这个世界上是有用的。例如，他们认为，如果我不踩在人行道的裂缝处，我就是安全的。因此他们走路的样子很滑稽，或者他们以一种奇特的方式来握手，不管这个规矩是什么，只要能建立舒适感。他们往往没有意识到的是，舒适感是在内心建立起来的，并不是人行道上的几条线，这就是你思考的方式。

这种强迫开始发展成无意识行为，如同某个东西飞入你的眼

穿越之道

睛，你将无意识地眨眼睛。人类是学习机器。我们学习的很多东西都是非常有用的。我们早晨起床。我们把牙刷放到我们嘴里。我们不知道刷哪里了。它无意识地发生，即使你换了新牙刷，你也知道怎么刷牙。你学习这些事情是如何运作的。这是人类的重要组成部分。

当我们建立的习惯失控了，并毫无目的时，才产生了真正的间距。如果你洗一次手，它们是干净的，你就不必洗100次。为了完成这些事情，我认为人类完成任何事情最重要的要素之一是：百分百的决心。你的决心从来都不够。

大多数人慢慢放弃了节食，到最后完全停止，因为他们没有充分的决心。他们中止了一个小时的节食，一个小时后重新开始。如果他们在晚上中断，他们早上醒来，继续坚持。事实上，如果你坚持，几乎每一个节食都在起作用。但是你停止一分钟，你的节食就被打断了，即使你中断了一个星期，只要你重头开始，它会继续起作用。

与这些事情做斗争时需要有决心。事实上，你可以控制自己，只要有决心。

练习更加有决心

1. 想象某个你感觉非常坚定的事情。找出你的决心的次感元。注意次感元的感觉及它在你的身体内旋转的方向（A）。

自我转变的惊人秘密

2. 停止它，想象一个你希望改变的习惯或强迫行为。找出它的次感元（B）。

3. 想象在这个决心的图像角落里有一幅小的要改变的图像，（B）在（A）的某个角落。

在非常短的时间内，想象这个小图像迅速变大，并取代了较大的图像，这样你开始看清楚，你希望有决心去做的事与你有决心去做的事在同样的位置和次感元上。（B）取代了（A）。

4. 当你想着要改变的时候，越来越快地旋转决心的感觉。

5. 重复步骤 1~5 次，发现你感觉越来越有决心去改变习惯或强迫行为。

		坚定不移	改变后的行为
视觉的次感元	图像的数量		
	动态/静止		
	尺寸大小		
	形状		
	彩色/黑白		
	聚焦的/分散的		
	明亮/昏暗		
	在空间里的位置		
	有边界/无边界		
	平面的/三维的		
	联结/抽离		
	近景/远景		

穿越之道

续表

		坚定不移	改变后的行为
听觉的次感元音量	音高		
	音质（音色）		
	速率		
	音调		
	持续时间		
	节奏		
	声音方向		
	和谐度		
肌肉运动知觉的次感元	在身体的部位		
	质感		
	温度		
	脉搏率		
	呼吸节奏		
	压力		
	重力		
	强度		
	运动/方向		
嗅觉的/味觉的次感元	甜味		
	酸味		
	苦味		
	浓香		
	芳香		
	刺激性（味道的强度）		

Getting Through Recovery
身体康复

人们需要面对的一个重大事例是从手术中康复。这同样也包括从中风和身体疾病或车祸中康复。它看起来似乎很困难，因为它是如此令人沮丧，虽然治疗挽救了你的生命，但是你必须经历康复期。

完成事情的巧妙之处在于拥有决心，同时也需要拥有正确的信念。很多人并没有从这些经历中真正康复过来，虽然他们实际上是可以做到的。对此，他们有不少冠冕堂皇的借口。一个是他们听从了错误的专家的意见。对于这一点，我总是觉得不可理喻——不仅是医生也包括护士和亲人——许多试图帮助你的人，他们总是告诉你永远无法全然康复。

前些年我中风了，住进了医院。在我被送到手术室后，有一个医生把一只手放在我的脸上，问我："你可以听见我吗？"我记得当时正给我打镇静剂，我模模糊糊地听到他在说话，我仰望着

穿越之道

他,我说是的。他说:"不管是什么人对你说,不管他们是谁,我现在告诉你,你可以完全康复。"

这句话让我印象特别深刻。因为之后没过几天——我胳膊上的管子刚刚被拔掉,止痛药正注入我的身体里——就有第一个人走近我,告诉我说,我得了中风,而它将使我有生之年在瘫痪中度过。这时,我想起了医生曾给我说过的,不管谁对我说什么,我都可以完全康复。

事实上,它无时无刻不在发生。即使是最严重的中风,都不足以解释为什么有的人康复了,有些人却没有。我知道,当它发生在你身上,看起来势不可挡,以至于你根本无法相信自己会完全康复,就好像你从来没受过伤一样,但是,对你而言,这正是你建立强大信念的时候。记住,医生、精神病专家、护士、你的亲人不是你的精神寄托,他们无法预测未来,没有人能告诉你什么是不能做到的。

人们可以告诉你他们的想法,但是他们真的无法预测什么是可能的,什么是不可能的。世界上有很多自然痊愈的例子,人们在阳光下,莫名其妙的,病就好了。这样的案例不胜枚举。我发现了让我身体完全康复的诀窍。不管他们认定我是否还能再走路,我觉得我可以。我集中我灵魂的每一个意念去移动我的脚趾、我的脚,再慢慢地移动我的膝盖,再就能够站立起来,最后能够走路。

自我转变的惊人秘密

这要求你比任何人都要更加努力。这也意味着你必须与失望绝缘。失望总是需要充分的规划，如果你从别人那得到帮助，它往往更在其内了。

人们看着你，说："不要灰心，不要失望，不要沮丧。"你大脑潜意识并不这样处理，当然，就如同说："别想蓝色。"你立马想到的就是蓝色。因此，让你的某一部分能发泄出去，是非常有帮助的。

发泄是一种对立的反应。人们越劝告你不能去做某件事情，你就越想去做。你是如何建立起这个反应机制的呢？只因你在相应的事情上产生了欲望。

现在，是时候去坚持一项锻炼计划了，把康复计划丢一边吧，是你需要绝对的决心和毅力把它付诸行动的时候了。因此，事情越困难，你就要越努力。我碰到的大多数杰出人士在他们年轻的时候，就是一个锲而不舍、坚忍不拔的人。

在我自己的工作中，我知道对我自己来说也是如此。在我成功的每一件事情上，都有人曾告诉我那是不可能的。有很多人曾预言我无法找到一条解决恐惧症的方法，人数之众多，令人咋舌。他们也曾预言我无法找到一条帮助精神分裂症患者的途径。

曾经有一个又一个精神病专家，一个又一个心理学者，他们自己没能做到，便告诉我不能用我的新途径、新技术、新方法去帮助他人，甚至他们自己都不知道我将和谁一起工作。

穿越之道

　　这些人都被我称为悲观论者。这些人都不是全力以赴努力的人。如果你说你试着打开门，这意味着你不能真正打开它，但是，如果你用你灵魂的每一个心心念念来试，你将会很惊讶地发现原来你可以做到。当你坚定不移时，当你只在乎你将获得的成功时，这些可能性将使你惊喜异常。

　　当我躺在医院的病床上时，只要我有一个脚趾可以动，我想，我也可以让其他的脚趾动起来。慢慢地，我开始移动我的双脚。对于解决每一个困难，亦同样如此。问题是，如果你关注你所匮乏的，那么就是说，是你感觉失败的时候了。然而，如果你只关注你成功的方面，它也便开始发挥作用。

　　你的腿有了一点知觉，那么你将有更多的知觉。如果你找出今天的你比昨天的你有哪些进步，每天如此，这样一点点的积累，你鞭策你自己坚持到底。事实上，如果说你正行走在一条漫长的道路上，你只是转了一个很小的弯，你实际上到达的位置距离本该到达的地方已经很远了。两个星期之后，如果你仍在努力，你已经处于一个完全不同的状态上了。

　　事实上，树立决心是你完成事情的方法。我知道在有些时候，你有决心来解决一些似乎不可能的事情。当孩子们学着骑自行车，看起来好像他们永远也无法做到。然而，无法想象的是，他们一点点地学会了，他们慢慢地学会了如何掌控车把，如何把握平衡。他们用的是训练的车轮，不管用什么，最终，所有的这些都被派上了骑自行车的用场。

无论是学习弹琴，学写铅笔字，还是学习使用键盘，我们都必须要有决心，因为我们想要的东西如此遥不可及，以至于我们需要经历一个笨手笨脚的阶段，找出解决的方法，这样使得我们继续坚持努力，直到我们实现了梦想。

如果你回忆往昔，你会发现你曾解决的这样的事例太多啦，这只是开端。你可能会回到童年。如果你想起一些事，想想当时的情况——看看你看到了什么，听到了什么，感觉到了什么——也许能给你带回果断的感觉。如果你的回忆中有挣扎，有失败，有从头再来直到成功，这将极大地帮助你。这是学习中的重要组成部分。

所有的孩子都是这样的：他们站起来又跌倒，再站起来，又跌倒，但是他们学会了保持站立，还学会了走路，学会了奔跑。这种能力并没有因为你有中风或变老而消失。决心是你度过艰难时期必不可少的条件之一。

决心康复的练习

1. 想象你已经完全康复。看看你看到什么，听到什么，感觉有多愉快。生动地想象这一切。

2. 回忆任何人给你的任何有关不能康复的无益建议，听他们用一种声音说，但是你没有信任或相信它。

3. 用一种带肯定语气的声音允诺你自己，你将会完全康复。

4. 记住，所有的艰难时刻最终都让你成为一个更加优秀的人。记住那个可以挺过任何艰难时刻的感觉，回顾一下你看到了什么，听到了什么，感觉到了什么。

5. 当你再次允诺自己并且有这个决心的感觉的时候，旋转这个感觉，想象你自己已经完成了它，每次当你感觉想要放弃的时候，将它旋转得再快一些。

6. 在旋转决心和毅力的感觉时，想象你自己状态越来越好，享受着康复的挑战，并着力让自己摆脱这些困难的处境。

经历放弃

有些时候，我们觉得一些事情干脆听天由命，放弃算了。也许是因为我们厌倦了某个事情而不去工作，也许是因为似乎无法找到一条合适的途径，也许是我们百无聊赖或心烦意乱。不管什么原因，有些时候，我们不再有意愿或精力去把事情做完。

经历放弃意味着要学习如何度过艰难的时期，并把它做得更好。这再次归结为这个真正重要的品质：决心。

决心使得我们顺利解决我们不得不面对的棘手的事情。遇到这样倒霉透顶的事，所有的人都为你感觉难过，你却可以面对自己的悲伤，继续生活。在你节食时它更不可或缺。当你制定了食谱，你决心坚持按食谱上的去做，如果你没有做到，你将再重新

自我转变的惊人秘密

开始。这就像你小时候学会了骑自行车，学会了走路，学会了用一种语言说话的过程。

放弃学习一门语言的人的数量简直是天文数字。这是一个数十亿美元的产业，大部分人听语言 CD，或去上语言培训班，到最后都放弃了。

你需要在你的心里建立一套体系，你有百分百的决心坚持到底，并且有面对困难的计划。许多人的计划太简单了。相反，为你的节食行动大不如前做计划，为语言学习中有挣扎和困难做计划。当这些发生后，计划再重头开始，这时你将有双倍决心。关键是看着未来，说，我的节食计划有十次都落空了，每一次我都没有坚持，我将决心重新再来，并且做得更好。

Getting Through Resignation
坚 持

1. 想想某个你需要动力和纪律约束来做的事情，例如，坚持节食。

2. 想想你是多么希望身体健康，身材匀称。通过节食，你逐渐拥有了你理想的身体。想象生动的细节，直到你真的觉得有动力和决心来继续节食。通过更快地旋转这个感觉来放大它。

3. 当你旋转这个感觉的时候，想象你自己正在节食。然后想象你自己在未来某个时候放弃了它，当你想象你自己重新开始的时候，更快地旋转这个感觉。

4. 想象继续节食和放弃，再把决心的感觉带回来，在你想象又开始节食的时候旋转它。

如果你错过了一天的锻炼，你必须变得更加坚定，使你更加努力。失败缘于你的停止。这就是失败的定义。失败意味着你停

自我转变的惊人秘密

止正在做的事情。失败是一个人为的决定。

当人们说:"我没有读完我的书。"这是因为他们停止了,而不是因为世界结束了。他们要做的就是回头重新开始,更加坚定决心努力完成它。这不是让你增加你的挫败感。它要求你忘记你的挫折。每一次失败你都必须忽视,每一个失败意味着你应该更多地尝试。

你失败的次数越多,你就更应该努力。这就是所有伟大的人士成功的原因。当我研究优秀的运动员的时候,他们对我说的话让我唏嘘不已。那些卓越的音乐家和钢琴演奏家也曾这样对我说。当我同他们讲:"你太棒了,简直难以置信。"他们会看着我说:"并非如此,我可以做得更好。"因为他们总是相信他们可以做得更好,因此他们将越来越优秀。他们总是力臻完美、精益求精,并且一贯如此。这是他们的精神。

当我研究一个近景魔术师时,他有一个我见过的最好的策略。当他想了解纸牌诀窍时,他会把它翻转过来,会看看它从外侧看起来是什么样子。他会看到你做的所有障眼法的每个假动作。

然后他在心里让电影移动起来,把他的双手放入牌里,努力让牌不倒。他一边这样做,内心的电影也保持同步,他有了良好的感觉。一旦他落后了,他会停止并重新开始。他开始陶醉于成功的美好感觉中。这就是真正的决心。在每一步里放大喜悦的

穿越之道

感觉。

不是在你到达终点时你才感觉美好,而应是一个喜悦的过程,你的方向越正确,你的感觉就越好。事实上,一旦你在一件事情上成功了,它就结束了。不是到最后你才感觉喜悦,因此,如果实践让你感觉不好的话,比如节食或锻炼,那么你就没有做对。

你需要重新开始营造一个良好的感觉,在你的体内旋转它,再运用到行动上。你越这样做,你就越旋转这个感觉。控制良好的感觉是非同小可的决定的重要组成部分。它将使你的人生之路走得轻盈顺利,并且到达一个喜悦的终点。

Getting Through Big Events
经历生命大事件

　　对于一些大事件，你必须列出你需要知道的所有方面的细节。这其中的一个例子是婚礼，你需要有一套礼服、一个蛋糕、伴娘、伴郎等等数不胜数的琐碎的事情，那天所需的一切你都必须考虑在内。通常，这些事件也需要你依赖其他人——如一些好朋友，出席并处在良好的状态。在很多方面，开始这样的事件就像任何生意一样，你需要有正确的选择和合适人选。

　　人们犯的很大的一个错误是，他们通过同行来选人，而不是选择真正胜任的人。任务是什么并不重要。如果你打算聘请一位餐饮服务员，你需要确保他们知道如何提供餐饮服务，而且他们做事情也按时。你需要同他们交流，以确保他们工作做得出色，不会把事情搞糟。你当然不愿意雇一个声名狼藉的家伙。你需要找一个让你放心的人，否则，你不得不担心事情可能陷入僵局，而找出一个避免的方法。如果你坐下来，考虑为做好每一步应有

穿越之道

怎样的准备，考虑第一步应该如何做，而不是只希望一切顺其自然，这样就更好了。

如果仅仅是因为他们是你的朋友而选择他们，这是非常错误的。你必须确保你的朋友知道他们如何去做他们应该做的事情。你需要知道他们不应该是同你争论的人。当人们在计划大事情时，他们很容易犯的一个错误是，他们没有意识到他们只需决定他们想要的是什么。他们需要阅读所有他们要看的杂志，同所有需要交流的人交谈。这时才可以做出最后决定，而不是听某个人过来说："你可以这样做了！"

如果你想做成一件事情，你需要决定如何分配时间。你决定，这部分时间用来做计划，这部分时间用来实施计划，这就是事件。你可以把事情做得更上一层楼，这是真的。我曾经和一些人合写一本书，每次我们做完后，他们会说："我们还可以改善。"当然，的确如此。然而，经过两年时间修订这本书六到七次之后，它已经不是我们之前写的一个主题下的三册书了，经过反复修改，其中一本自成体系作为第三册书出版了。

我最后把它交给合作者说："我写完了。"他说："我们可以做得更好。"我说："不，你可以把它变得更好，我打算去写我自己的书。"如果人们继续一遍又一遍地修改作品，这样只会徒增压力。你只需要说："行。我需要一个月时间做这些决定，然后

自我转变的惊人秘密

我需要两个月才能把这些事情做完，然后我再去休息。"还有一件事情你也必须做个计划。如果你不计划对这些事情感觉良好并且充满信心，那它就必定不会发生了。

在本书中，你已经了解了好坏决定之间的差异。一旦你做出了正确的决策，你应坚持按这些决定做，直到大功告成。你可以随时计划后来的又一个事件。如果你愿意，你可以一年结婚一次。对于此，并没有规章制度。当你准备筹划一个大型婚礼，牺牲五个月时间而为了一天的快乐，这样并不划算。

为把它做好，你需要预留出时间，做的时候好好做，其余时间你应该把它统统忘掉。如果你发现这些事情一直萦绕在你的心里，让你感觉不好，这时你需要用另外的方式来释放掉它们。不仅对婚礼如此，对我们生活中遇到的每一个大事件都应如此。如果你计划得巧妙，在整个过程中都会感觉美好，这将使你更有效率地完成挑战。

特殊时刻贴士

1. 计划你将在筹备和实施的每一个阶段花多少时间。

2. 给自己一些时间来决定一些事情，完成必须要做的任务，挑选合适的人选，分配任务，整个过程处于放松状态并且期待该事件。

3. 对不同事情的助理设定一个标准，确保每个助理符合他们自己角色的标准。

4. 接纳事情永远不会是完美的,所以尽全力做好。对可能碰到的挑战列出计划,想象你自己轻松地处理这些事情。做出决定并坚持执行。

5. 想象每一个阶段,每件事情都精彩绝妙地进行着。

Getting Through Tests
如何通过考试和面试

通过测试的诀窍是做充分的准备。对于任何测试,在一定程度上,你需要准备你将说什么或写什么。你可以想象测试通过,但是你这样做时,你还要想象你的状态良好。面试时,考官不仅关注答案是否正确,而是在寻找合适的人选。如果你想象自己紧张或坐立不安,或者你说话声音极快,或者犯了大错误,或任何你可能经历的错误状况都可以在心里想一想,这样,当你真正在那里时,你将可以驾轻就熟地面对一切了。

如果人们寻找的是问题,他们就有找到它们的倾向。换句话说,如果你能想象完美的状态,那一切将为你完美运作。你期望的完美状态是怎样的?怎样的声音能展示你最自信的一面?

当你状态最佳时,你的声音是怎样的呢?回答这些问题,一个个练习,与你脑海里的完美状态对比,这样你就会知道感觉将是如何。一旦你这样做了,就会开始感觉有所不同。在你走之前

穿越之道

而不是到达那里之后就这样做,因为到那时为时已晚。在你从车里走出来前,你就已经让自己处于极佳的状态,在你体内旋转这个最棒的感觉,这样你越接近门口,你就越感觉信心百倍,一切准备就绪。

甚至可以在你到那里之前练习它。想象你进到你的车内,进入到良好的状态。想象你从车上下来等等,你所做的每一步,你越快地旋转这个感觉,你的感觉就越强烈,当你到那儿时,你就处在最恰当的状态了。很多人到了正确的地方,却进入了错误的状态,然后试图恢复到原来的状态,当他们做到时,一切已经结束,他们已经失去了机会。诀窍在于你知道想要的是什么,你越接近你想要的,你就越处在一切为你运作的状态中。这样你就能回答最佳答案,表现出最完美的自己。

考官不仅听你说的话,还要看你的行为举止,以及你给人留下的印象。越是有竞争力的职位,越是这样。当然,你需要做一些准备工作,比如了解一些特殊领域的信息。在准备过程中,你也应该状态良好。避免失望,当你记起它时,期待处在良好的状态中。

做一场优秀的面试

1. 想象某个你感觉有信心、被关注的时刻。看看当时你看到了什么,听到了什么。感觉你当时意气风发、神采飞扬的感觉,通过快速地旋转这个感觉来放大它。

自我转变的惊人秘密

2. 想象你自己去面试,到达那里,旋转自信的感觉,想象你走到门口准备面试,同时放大这个感觉。

3. 想象在面试中,你可能站着或坐着,想象你自信回答每一个问题并同时旋转这种感觉,并保持旋转。

4. 想象你被问了一个你未曾预料到的问题,但是你继续保持这个感觉旋转,你自信清晰地回答了这个问题。

5. 把这个过程一遍又一遍地操练,当到面试时间时,你会发现自己真的感觉非常有信心。

所有的学习都被状态所制约。这就是为什么人们因考试而苦恼的原因。他们学习的时候心平气和,当他们考试时就会感到紧张。他们得不到答案,因为答案只与沉着的状态联系在一起。因此,要么是你在学习时紧张,在参加考试时也紧张,要么是你在学习时镇定,并确保你参加考试时也镇定。

在你的心里想象你去了你学习的房间。看看周围的墙壁,摸摸家具,把你自己放回到当时同样的状态中。看着试卷,开始答题。人类具有独特的特点是,人类的思想创造了外在的真实世界。如果你无法控制它,你将是个精神分裂者,如果你能驾驭它,你将是个创造性天才。我建议后者。

这意味着运用你的想象力在内心记住你需要记忆的。在你的大脑内想象,制成图像,让图像移动起来,你自己的这个能力给予了你极好的用以储存时间的资源。为了帮助人们通过考试,我喜欢教他们如何改变内在世界。

不是在外在记笔记或考试要点,而是让人们仔细研究了一些笔记,想象房间里个个位置上都是这些笔记。我让他们练习到处都是笔记的幻觉,这样当他们去参加考试时,他们就有了幻觉,感觉他们研究的笔记就在他们前面,给他们提示答题信息。

通过考试的练习

1. 在你学习、复习备考时,让你所处的环境同你即将参加的考试的环境类似。

2. 回忆某个你感到有信心、兴奋、超级被关注的时候。看看你看到了什么,听到了什么,感觉到了什么。放大这个感觉。

3. 当你花时间研究你手上的这些特别的笔记时,练习在房间不同的位置都有它们的幻觉。这样做,直到你能生动地想象你在任何位置都能看到你放的笔记。

4. 当你去考试时,带着信心、兴奋、超级被关注的状态,旋转这个感觉。

5. 准备回答每个问题前,想象你回到你的房间,答案正以同样的方式在你面前出现。

6. 生动地看着你自己,注意你微笑、呼吸、站立和移动的方式。以这种方式参加考试。

Getting Through Obligations
完成义务

我们不断面临着一些我们不得不忍耐的事情,这些事情本身并无所谓好,也无所谓坏,但是对有些人而言,它们却令人非常不快。有时候,去亲戚家参加圣诞节晚宴可能是世界上最痛苦不堪的事情。而连续坐好几个小时听歌剧也是一件相当折磨人的事情。我记得在银行排队,我以为已经过去了两个多小时,实际上我才在那里待了十分钟。有些人把事情弄得越来越糟糕。要做到这一点也是要有充足的准备。

人们通常认为将要发生的事情是多么恐怖或多么不合人意。他们为它而计划。不管是考试还是比赛,这些都不重要。不管是什么事,人们事先对它的想法,将决定事情往更好或更糟的方向发展。事情本身并无好坏之分,而是我们对它有了好坏之分的评判。

人们去参加一个派对。四小时过去了,但是他们感觉才刚刚

穿越之道

过去两分钟。世界运转的速度并没有加快,而是因为我们处在喜悦的状态之中。如果你认为手上的事情非常麻烦并且感觉相当痛苦,并且反复认为如此,那么当你真正着手做时,事情将越来越糟。

我常说,失望需要充分的规划,痛苦也是如此。这是因为你需要知道你将有的糟糕感觉是哪些,以及何时拥有它。相反,如果你学着将注意力集中在你喜欢的事情上,那些不愉快的经历就会让你开始觉得很可笑。

你可以通过一个模式比如次感元来做到。同一件事情,有的人认为是荒唐的,有的人认为是痛苦的。事实上,当你做了充分的准备之后,你必须要完成的事情做起来就容易多了。不管是你将在法院待上漫长而无聊的一天,或宣誓作证,或各种事情,你都可以更有效地处理。

为了筹备它,你在心里从头到尾经历一遍,让画面动起来,并将之弄得很可笑。要做那些不会让你烦恼的事情。一年又一年,做同样的事情是很傻的,它将使你疯掉,因为你知道将发生些什么。你需要有不同的感觉,如果你不这样做,那么你可以预料的事实是,你将一如既往地继续忍受这一切。

如何做到这一点,这儿有一些心理技巧,这些技巧是非常重要的。为了让时间走得更快,人类在心理上做了一些不同的事情。例如,你往坡下开车时,你看到周围的事物移动得非常快，你的视觉中心进入到一个时间扭曲的状态。这就是为什么人们下坡驾驶得非常快，当后面该变速时，他们仍然以每小时三十或四十千米的速度行驶，不过他们觉得这样已经是徐缓而行了，因为他们事先的速度是每小时七十千米。大脑调整需要一定的时间。

当你想要时间走得更快一些，你需要在你的大脑内运行即将发生的事情的电影，这样在你失望沮丧或感到抓狂时，你就知道何时需要运行它，这样你会看见图像中心移动得非常非常缓慢，而周边的一切移动得非常快。

例如，当弗雷德叔叔讲一个古老的、冗长乏味的故事时，你可以注视每一个人像卓别林一样移动——你可以在你的大脑里想象它移动得非常迅速。这与充分的心理准备有关，因此，当它发生时，你进入到一个时间隧道，看起来根本不需要很长时间。其实，关键是非常缓慢地运行你脑海中心的图像。结果，虽然弗雷德叔叔讲故事的速度比平常慢一半，但事实上周围的一切都如同风驰电掣般移动。因此，当这发生时，他实际上讲故事的速度比你在头脑里让他讲的还要快，一切变得看起来容易得多。

有时候，我们希望事情能做得慢些，再慢些。当我们感觉它很慢时，你想象它比正常慢十倍的速度进行，这样当它真的发生时，感觉速度更快。这里面都用到了对比，你可以在头脑里创建各种你想要的对比。对人类来说，时间是一个相对概念。有时候

穿越之道

时间似乎是弹指一挥间，有时候却如同停滞。

其中大部分原因是我们如何进入情境当中以及我们的眼睛是如何区分不同事物的。我们的眼睛有一个部分为中央凹，就像一个识别形状的中央视觉检测器，我们对外在所见的一切有运动探测器。当你在这些事物之间做了内在的巨大差别时，你可以让你自己改变你的看法，因为当我们最初练习驾驶时，一切事物都势不可挡，它们都移动得非常快，但是当我们习惯了它，在我们的头脑内安顿好它，我们就可以开车开得很快，但是并不觉得快。

宇航员飞行的速度是音速的两倍，这样才能真正飞行起来。你能想象以两倍的音速飞行，再从舱内出来，返回地面是什么样子吗？他们一定感觉，他们好像以一小时两英寸的速度在运行，因为他们心里设定了时间。把一个事件转到另外一个事件，把一个时间转到另外一个时间，这是一个心理技巧，是可以做到的。

如何让时间过得更快

1. 想象一个你期望时间快速流逝的情况。

2. 想象这个情况发生，不管发生什么，使它看起来好像时间在慢吞吞地走，然后看到在你面前发生的事情真的变得缓慢了。

3. 想象你周围的一切走得非常快，飞速过去，就像卓别林电影里演的那样。例如，如果涉及与人交谈，你会看到他们在电

自我转变的惊人秘密

影的中心，语速非常缓慢，而影片的其余背景移动得非常快。

4. 继续看着事件慢慢走，而在你的视力所及范围内，一切事物都运行得非常迅速。

5. 当你真正开始做事时，不管是排队或与人交谈或看东西，你会发现这一切发生的比你预期的要快得多。

6. 在你做这个事情的过程中，你也可以试试这个方法，它一样有效。

如果你希望时间朝另外一个方向移动，这也同样适用。有时候，把时间的步伐变得缓慢是一个好主意。有些事情感觉过得太快，而有些又感觉过得太慢，你都可以把它们往完全相反的方向操作。你也可以把事情变得更加有趣，或使事情变得更加严重。运用次感元模式，所有的差异都可以这样做，因为当你使用次感元模式时，你可以做很多事情。

你可以看着你真正中意的和你不得不做的事情，因为这是社会对你的要求，并注意区别。我记得，为了我的孩子，晚上我听一个二年级的老师给我解释句法结构考试的事情。这事让我抓狂，这时，你就需要将事情加速，所以你想象事情移动的速度比实际要慢。

事情之所以令人痛苦是因为，在人们的思维中，认为它应该走得更快一些，它们想象它飞速地进行，当不是这样时，人们就感觉它脱节了。当你预期有人用十倍快的语速告诉你一件事情时，你会感觉他的实际语速会慢很多。不过，如果你想象一次只有一半的音节被说出来，动作缓慢，这样，他们看起来就会快得多了。你在相反的方向上有意图地创建时间的不同，这一切就将为你而运作。

如何对你不喜欢的任务保持愉悦

1. 想象圣诞晚宴的部分，你不喜欢的事情发生在这个时间段，练习把时间加速。

2. 计划一些你特别喜欢的部分。专注于你可以享受的整个过程甚至更多。

3. 想一想在晚宴期间与不同的人会议论和做的一些事情，并决定以最佳的方式回应他们。

4. 如果有必要，你想象一个人正在说话的图像，改变图像的次感元，这样他们在一个狭窄的黑白图像上，距离遥远，并且脸上有一个小丑鼻子，让你感觉不再受他们影响。

5. 想象某个你感觉非常愉悦的时候，想象你在圣诞晚宴期间也拥有这种感觉。

6. 牢记你参加圣诞晚宴的原因，去做任何可以改善你与餐桌上每个人的关系和感觉良好的事。

自我转变的惊人秘密

  在生活中有许多我们必须完成的义务，当然我们都不情愿碰到这样的事。你开始学会经历这些不同的事件和问题，这是让你拥有更幸福的生活的一个更加重要的因素。

  这就是你能学着得到你想要的东西的方法。一旦你开始学习如何做决定、下决心和建立新的信念，没有任何事情是你不能完成的，你对目前棘手的事情也能轻松处理。当你有了充分的心理准备和个人能力去掌控你对时间的看法、你对事情的反应，你将发现你自己可以完成任何事情。你还可以期待未来，开始把你的注意力放在你喜欢的所有事情上。

彰显之道

彰显之道是本书第三个重要部分。这意味着你将明白你的责任所在，在哪儿拥有乐趣、性、交际、更多的钱或健康。它需要你完成本书所有的练习。

我发现大多数人花了太多的时间去担忧他们的问题，而没有充裕的时间去享受生命的乐趣。我经常这样问他们："一旦你忘记了你的问题，你的空闲时间将如何度过？"拥有更多的乐趣是幸福生活的一个重要部分。

幸福生活的另外一个部分是拥有和谐的人际关系。大多数人每天忙忙碌碌，却从不知自己一生最重要的事情是什么。懂得爱意味着与你的家人共度有品位的生活，与你生命里那位特别的人共待春光。

为了找寻你心所爱的人，或建立良好的社会关系和朋友圈，与更多的人相识，对你而言，是非常有必要的。在这个星球，有数十亿的人，然而，我们竟会感到孤独，这是毫无理由的。学着爱你自己，爱你身边的人，也要知道如何打情骂俏等等一些对你与他人交往有帮助的事情。

有一些重要的责任和义务是我们每一个人必须做的,不管是付税抑或学习。为了让我们生活得更好,去完成它们吧,它将让你拥有非常有用的能力。

比如,锻炼身体是这些重要的任务之一,它将对你的生活大有裨益。如果你能坚持不懈地热衷于此,你将发现,变得越来越健康是非常容易的事情。

当你开始关注你今后的岁月,它是让事情进展的更有效率的重要举措。一旦你开始计划并安排你的生活,你将有相当多的时间去做那些你想做的事情。

有些事情并不需要太多的动力,但是非常有必要知道如何去做。在某种程度上说,赚更多的钱可以让你与众不同。如果你学会一些简单的小技巧,你将知道如何增加你的收入。

最后,我将谈谈如何做决定。外在有太多的选择,通常来我这的人们往往举棋不定,难以取舍。一旦你能做出这些决定,你将真正开始拥有你想要的生活。

Getting To Fun
获得快乐

我发现人们最难以做到的事情之一是真正过得开心。事实上，为了过得开心，玩得高兴，人们却又做了一些匪夷所思的事情。为了好玩，有些人在飞机上玩跳伞，有些人拉着索绳过江。

就连把球从这儿打到那儿，人们也有很多消遣：他们用棒子把球击到为数不多的洞里；他们把球击进小小的洞里；当椭圆形的球弹跳起来的时候，他们追着球跑，所有的这些都是以乐为名义。还有玩牌等等各种各样的玩法，而实际上这些一点也不有趣，人们却能把它们玩得妙趣横生。

如果你能把一些看起来索然无味的事情当成相当享受的事情，是不是更美妙？同样，这也是你可以学着做的。对我们擅长的事情，我们关注于此，以臻更加完善。如果做一件你相当乐意的事情和一件你非常不情愿的事情，次感元将大相径庭。定义不同，感受也完全不一样。

自我转变的惊人秘密

你可以看着某个你喜欢的东西，放大它。你不仅喜欢它，而且当你的感受与之相连后，你的感觉将更加强烈，这些你完全可以做到，轻而易举。这意味着，你把你喜欢的东西的图像呈现在你的脑海里，你看着它，感觉朝着它，把图像的尺寸加倍，把亮度调高，把图像加速，调整音量，你的感受也会随之加强。

一旦这些感受强到一定程度，你把它们一个个地高速旋转起来，把它们等分，这样，它们都被置于你的中界限上或你身体的中间。让它们直线下落到你的脚趾，又直线向上到你的头顶，又回到你鼻尖向下的位置。栩栩如生地想象整个过程。

你旋转得越快，你的感受越强。与此同时，你把那些你希望更有动力的、更有趣的、更想得到的事情也放一起操作，你将很快得到它们。

让事情变得有趣

1. 想一件你乐此不疲的事情，留意次感元。

2. 回溯并放大愉快的感觉。和次感元一起完成这个练习，调整它们，使得感觉更加强烈。

3. 在你的全身旋转这份感觉，并持续加强它们。这时，想象某个你希望更加享受的事情，生动地想象这一切，同时保持这份感受在你的体内更加快速地旋转。

彰显之道

有许多事情，它们本身是非常有趣的，但由于某些原因，人们却难以开始。这其中之一，自然是性。一直让我非常惊讶的是，夫妻俩竟然看都不看对方一眼，却说："我们去做爱吧。"他们会躺在床上，臆想于此，但不发一言。如果心理学家看到这种情况，一定会解释原因。他们会说，他们如何如何担心失败或害怕被拒绝，他们会用太阳底下每一个理由。原因其实很简单，他们的原动力不够。

人们在床上的大多数时间都花在了冗长乏味的争吵上，而没有足够的时间去享受与对方的性爱。如果他们深入内在，越来越快地旋转渴望的状态，朝着他们的伴侣微笑，问问他们，一切会更加美妙。有时候，你听到的是"是的"。有时候，你听到的是"不是的"。你问的越多，得到答案的机会也就越多。你保持这个状态的时间越长，你越会享受这份亲密。

Getting To Love
拥有爱

让我非常难以理解的是，人们总喜欢拖延一些事情，比如表达他们对所爱的人的爱意。比如，人们经常推掉和孩子们在一起的时光。他们总是告诉我说，"我没有足够的时间"。他们的时间大多在烦恼那些根本无法做到的事情，事实上，能做的事情必定是他们喜欢的事情。

人们需要分清事情的轻重缓急。他们必须分配充分的时间给他们的工作，但他们却很少花时间考虑他们预计在工作上花多少时间。如果你决定了，好，我开车去上班，这大概需要一小时，所以我可以用这一小时想一想，当我到公司后，我将做哪些工作，这样你将有更多的空余时间。在你离开家前，你可以同你的孩子们聊一聊，而不是只想着当天要处理的事情。

人们只是谈到了时间管理，但没提及心智管理。心智管理其实是人类无限创造力的源泉。多产的人决定，我打算花时间做

彰显之道

这，我准备集中精力来做那。当我结束工作回到家，我打算专心陪我的太太，无微不至地照顾我的小孩和我的小狗。之后，我打算花一小时全神贯注地去处理某个事情，包括一切事情，从看电视到思考工作上的一些事情。这样，你将专心与你的太太交流，或休息，或做其他事情。

有些人躺下休息，开始毫无意义地冥思苦想一些他们白天没有做的事情，他们向我抱怨说他们失眠。事实上他们不是真的失眠，他们是无所事事。他们的生活从来没有计划。如果你真的担心，至少你要决定自己从何时开始做。

人们有时候说他们不能停止思考某事。这也不对——你实际上可以做到。你可以通过设定时限来停止思考某事。如果你可以在一个确定的时间从睡梦中醒来，在闹钟响之前关掉它，你应该有能力把你自己从浑噩的生命中唤醒，停止担忧。你应该能够告诉你的丈夫或妻子，说你爱他们，对孩子们说"嗨"。

你需要看着你的丈夫或妻子，全然开放地听他们说的一切。说什么并不重要，重要的是你在听他们说。这才是关键。剩下的真的没有任何区别。看着他们的眼睛，你满面笑容，看着他们的脸，认识到你是最幸运的人之一，你并不孤单，也不悲惨。

你开始提醒自己是如此幸运，这是非常重要的。我在早期的一本书里曾谈过如何帮助你自己从失恋中走出来。你也可以通过做相反的过程，练习越来越爱某个人。

自我转变的惊人秘密

当人们处于热恋之中时，他们的记忆全部是甜蜜的，如果有人做了某件让他们郁郁寡欢的事情，当回忆往事，他们看自己也是如此惆怅。如果你想郎情妾意浓，一个重要的需要长期保持的过程是，确保你的记忆是幸福的。

同样的，任何不愉快的——当他们扔了你喜爱的杯子，撕碎了你中意的照片，或者泼了什么在你喜欢的裙子上——你看见你自己在这样的记忆中，把它们推开，让它们远离你。把你拥有的每一个单独的美好的记忆挑选出来，从你遇见他的那天开始，把它们拉近，就如同正在发生一般，这样，看起来就如同你昨天刚刚与他相识，就如同昨天你刚刚坠入情网。

更好的性爱

1. 想想你深爱的人。

2. 想想，当他/她在最性感时，你感觉非常被他/她吸引。

3. 看看你看见了什么，听到了什么，感受到了什么。留意这份性欲的感受，在你的右边越来越快地旋转它。

4. 朝着他/她微笑，并且引诱他/她，让他/她尽可能地感到刺激。回忆每一次你与他/她在一起时的惊奇经历和感受。

爱更浓的练习

1. 想想你爱过的人。

彰显之道

2. 回忆第一次你感觉爱上他/她的时候。想象这如同在昨天发生。看看你看见了什么，听到了什么，感受到了什么。在你身体右侧旋转这个爱的感觉。

3. 想想到底是他/她什么行为惹怒了你，把你自己从行为和记忆中抽离出来，这样你就可以在其中看清你自己了。

4. 立刻停止回忆与他们在一起的时光，与记忆联结，看看你在当时看到了什么，感受到了什么。

5. 把所有这些浪漫的经历快速回溯一遍，放大爱的感觉，在你全身旋转它。然后看着它们，注意你自己的感觉，就如同你初次经验时，你对它们的感觉。

一旦你感觉到爱意渐深，你同样需要做一些不同的事，你需要说一些未曾说过的话。或许你从没告诉过你的丈夫你爱他，你从来没告诉过你的妻子你爱她。即使你的孩子做了很棒的事，你却从未赞美过他。也许你常常大动干戈、怒火中烧或没有足够的时间去做事，归根结底，你是时候要做一个决定：你要开始改变。你可以通过注意你坚持到底的决定的特征来做到。然后，你决定告诉你的爱人说你爱他们，把这个决定的特征与你坚持到底的决定的特征放在同样的位置上。

做坚持到底的决定

1. 想象某次你做了一个相当明智的你坚持到底的决定（A）。
2. 引出次感元。
3. 想想一个你要做的决定，比如，告诉你爱的人说你爱他们（B）。
4. 引出次感元。
5. 快速将你想做决定的B图像移到远方，再将它拉回到你坚持到底的决定A的位置及次感元。
6. 重复以上动作，直到你想做并且会坚持这个决定。

一旦你决定了，有了一个令人满意而且牢固的你可以以此生活的决定后，此时，让你自己确信你将这样做。你将开始改变你的感受。你创造了你渴望的各种感受。

做一个宽容的感受，在你的体内旋转。想想你的孩子们曾经做过的所有激怒你的事情，如同真实再现，看着这些激怒你的事情，旋转耐心的感受。慢慢地，随着时间的流逝，你将发现，当这些情境呈现时，你的行为已经不同了。如果你等待，等待再等待，你将回顾过去并且忏悔，但是如果你朝未来看，你将计划，计划再计划，这时，你可以做些与之相关的事情了。

彰显之道

变得更宽容的练习

1. 想起某个你真正感受到宽容与耐心的时刻。注意这个感觉,它指明了旋转效果的方向,在你的全身旋转它。
2. 想想哪些是你需要在未来更宽容、更耐心的。
3. 旋转宽容的感觉,同时,你想象等待做这件事。
4. 用不同的例子重复以上动作,直到你感觉对所有的经历都更加宽容为止。

开始更多地去爱意味着真正实践爱是什么。在大多数情况下,我们谈论的爱,其实是存在的一样东西,但同样重要不能忘却的是,爱也是一个动词。爱是我们做的一切,因此,为了得到更多的爱,我们常常需要做得更多。这意味着行为更加耐心、宽容,爱着我们生命里最重要的人,并以他们为重,因此,我们就可以好好享受和他们在一起的每分每秒。

你的生命里有更多爱

1. 与你爱的人们在一起,并且那时完全只想着他们。
2. 对他们更耐心和宽容。
3. 时不时地、逼真地回忆你与你深爱的伴侣在一起的时光,放大这些记忆。

自我转变的惊人秘密

4. 给他们说一些你想告诉他们的事,并且经常这样做。

5. 尽你最大的努力,确保你们在一起的每个时刻都精彩纷呈。

6. 做一些随意的亲切行为。对你不认识的人特别友好,或对陌生人微笑,这样的行为至少一天一次。

Getting To Meet People
与人交际

另外一个人们看起来有问题的事是与人交际。有多如繁星的人生活在这个星球上,这是多么不可思议啊,但是却有如此多人拒他人以千里之外。

特瑞莎曾雇用我为顾问。她在一家大公司工作,是一个高级行政人员,她告诉我说,她希望能去参加一个重大的公司派对,与会人员都有很庞大的海外关系,但是,她很怕去参加,认为如果她去了,她对其他人无话可说。她解释她已经长期患有社交恐惧症。

她不能参加社交活动或与他人不能交流的程度并不重要,而是每当她在社交场合,而不是别人的老板的时候,如果要对众人说话,她将感觉全然不适,不知所措。她告诉我,如果她能去一个自己完全放松的派对,她将能与他人熟络,这将帮助她受提拔和得到其他的各种好处。我问她:"是什么让你能去参加第一个派对、第二个派对甚至更多派对，同时享受你自己呢？"这是两件不同的事，因为通常她会避开这样的环境。我做的第一件事就是让她想想她到底非常渴望的是什么。

她选择什么无关紧要。她想要一辆美洲豹：一款新车（CAR）——而不是猫（CAT）。她想起当她第一眼看到一款美洲豹时，它看起来就像阿斯顿·马丁车，她肯定这款轿车就是她的。为交预付定金，她开始省钱，盘算着怎样卖掉她现在的车，同时，她计划融资等等一切能让她买到新车的措施。她计划在下个星期取车。当我问她时，你可以想象她眼里闪烁的光。她整个人改变了。

我让她闭上眼睛，想象她想要的那款车，旋转这个感觉，越来越快地旋转它，之后我让她睁开眼睛，用她在派对上的图像代替美洲豹，自如地与他人交流，咯咯地笑，讲笑话。我让她想象四处走动，把自己介绍给别人，这时，我问她是否真正想那样呢。

变得更有动力

1. 想想某个你渴望的或真正激励你的事情的大图像。留意次感元。

2. 在这个图像的角落里，想象一个你希望被激励去做的某事的小图像。

3. 想象这个小图像在瞬间变大，代替了大图像，此时，你

彰显之道

开始看看在同样的位置上，你想被激励去做的事情是什么，你渴望的事情的次感元是什么。

4. 重复几次 1~3 的步骤，留意你自己因新行为而感受到的激励的感觉。

旋转着愿望，看着她自己能做到以前她认为不可能的事情，她说："噢，我喜欢这样子。"这时我问她："真的吗?"她告诉我说是的，我说："好，我们要做的是列个计划。既然你渴望去参加派对，我们要做的是把你带到那儿，让你在整个派对期间有不一样感觉。为了擅长社交，你需要放轻松。"

我问她："你知道你是如何变得紧张吗?"她想了一会儿，说："当我不停地想我将好紧张时，当我越认为我将紧张，我就越紧张，这样我就开始担忧了。"为了担忧，在她脑子里甚至有了担忧的声音，这个声音结结巴巴地与她讲话，告诉她要谨慎小心一点，不要犯错误。

每当人们如此担忧他们自己而不是他人感受的时候，人们很容易变得紧张不安。我告诉她换个角度想象这个派对，想象房内有很多人，这些人比她还紧张。我解释说，她的任务就是找到他们，帮助他们感觉舒适一些，因为如果她能帮助三个人感觉舒服高兴，她自己的恐惧将永远不复存在。

我记得她看着我，问道："真的吗?"我说："真的。"我开始

自我转变的惊人秘密

告诉她技巧："首先,我希望你回顾过去,回忆上次你在派对时感到紧张,注意感觉如何在你体内旋转。一个个地冻结它们,随后把它们朝相反的方向旋转。再四处看看这个房间,看一看谁是这儿看起来最紧张的人。"她说:"我。"

我说:"进入到你自己,这样你只能看到别人。四处看看,选一个最紧张的人,走上前去,与她交流,用笑话去消除她的恐惧,让她感觉自在一些。再继续对下一个,再下一个这样做。"我们开始这样做,直到她做完三个人为止,她感觉着新的感受,并朝着她原来感觉相反的方向旋转它们。紧张的反面,当然是轻松自在。它不是平静,而是感觉无拘无束,是真正开始关心他人幸福与否,而不是只关心自己的渴求。

当人们在聊天的时候,你看着他人,听他人讲话,观察他们的表情,注意他们是否轻松自如,你这样做得越多,你和他们在一起的时候,他们将越喜欢你。这样做的原因是,因为他们越喜欢你,他们将越有可能提拔你。他们将越有可能邀请你参加其他的派对。他们将越有可能把你介绍给其他的朋友。你做一些让他们感觉愉快的事,这是非常重要的。你越关注于外在和那儿的其他人,你就越少关注内在。

与他人交往感觉舒适

1. 想想某个你参加一个派对或社会集会的时候。留意紧张

彰显之道

的感受,并注意它移动的方向。

2. 想象拿起这个感觉,将它反转,使得它朝相反的方向移动。在相反的方向旋转得越来越快。

3. 注意你脑子里冒出的紧张的声音,改变它,使得它不管说什么,声音都是非常放松的。

4. 把任何你被拒绝或看起来紧张的图像移到遥远的地方,取而代之的图像是,与你交谈的人们正看着你,你感觉放松自若。

5. 想象你与一个又一个的人交流,感觉轻松自在,他们也感觉如沐春风。想象让他们微笑,他们自己也感觉好多了,享受着整个过程。

与人交往,当然,不仅仅是去参加派对。它还包括创造交往的机会。在这个星球上,感觉孤独与不幸福的人竟然比比皆是,这一直让我非常惊讶。

如果你感觉极其孤单与不幸福,也许这时该是你停止担心它的时候了,开始从这六十多亿人中,找出一个与你的感受无二的人。我遇到过很多人声称说他们希望与其他人认识,但是他们从未踏出一步去与任何人交流。这真是自相矛盾。你计划你想要什么,你计划如何得到它,你开始实事求是地思考它。如果你不与更多的人交往,你又怎么可能找到那个对的人?

自我转变的惊人秘密

当我给人们上调情课时,我不是教他们去酒吧,说:"嗨,亲爱的!"我解释给他们说,如果你没有与一千个人认识,你就没办法做正确的决定。所以你需要行动起来!开始走到人们跟前,与他们交谈。你与有些人交流的时间不愿意超过 30 秒,而与那些相见恨晚的人愿意花上一到两小时。如果你不认识足够多的人,你就没有机会遇见那个人。如果你认为这是不可能的,当然你就不屑一顾了。

调情小贴士

1. 当你遇见某个你喜欢的人,朝他们微笑。

2. 想象你自己靠近他们,感觉自信轻松。看着你自己对他们说些诱惑的话,接着去了电影院。

3. 想象两个不同的脚本。第一个,他们拒绝你,你自信微笑着走开,感觉非常高兴,你丝毫没有在他们身上浪费时间,这是他们的损失。想象此时扫视周围其他的人。

4. 第二个,想象他们也朝着你微笑,接受了你,并与你交流,想象他们开怀大笑,和他们在一起,你非常自如。

5. 他们在你旁边感觉相当愉悦,把注意力放在这上,而不是让他们喜欢你。与你在一起时,他们感觉越好,他们就更乐意与你在一起。

6. 尽可能地与更多的人认识。

每当人们如此担忧他们自己而不是他人感受的时候，人们很容易变得紧张不安。我告诉她换个角度想象这个派对，想象房内有很多人，这些人比她还紧张。我解释说，她的任务就是找到他们，帮助他们感觉舒适一些，因为如果她能帮助三个人感觉舒服高兴，她自己的恐惧将永远不复存在。

Getting To Important Duties
处理好重要的义务

有很多事情需要人们必须去做，但是很多人却提不起精神来做这些事。这样重要的事情，诸如学习、交税、做家务，都是非常简单的，但人们常常由于拖延而逃避做这些事情。

有些人无限期地推迟去度假。如我之前所说，有些人推诿告诉他们的孩子说他爱他们。他们等到孩子们长很大了才这样做。有些事情不值得等待。有些人曾这样问我，在人类环境中，最大的困难是什么？我说，在人类遭受的所有事情中，排行第一的是犹豫不决。我对犹豫的态度很简单。踌躇未定的人，只好等候，等候，等候，再等候。你等待的时间越长，你越不会去完成它。为了结束这个循环，开始手上的任务，我们需要学习如何有动力地工作。

看清人们实际做的和他们不愿做的事情之间的区别，了解动力将从这开始。他们拖延的事情或他们没完成的事情，这些都是

自我转变的惊人秘密

他们没有动力去做完的。一旦你自己有了决心，完成事情就简单轻松多了。但是如果你能愉快地处理这些事情，那完成之日就指日可待了。

二十五年前，一个年轻人求助于我，因为他的鼻子有种难以解释的问题，它不断地流鼻涕。我把他带入催眠状态，让他想象他处在沙漠之中，鼻子停止流鼻涕了。我给予他的帮助不仅仅于此。他如此关心鼻子的原因是他想成为一个歌剧演唱家。

他是一个相当了不起的人，梦想着成为像帕瓦罗蒂那样的人。他告诉我他还有另外的问题：他越喜欢歌剧，就越无法让自己练习那些他必须要熟悉的曲目。他在当地歌剧院有一个角色，但他从未当过主唱。原因仅仅是因为他从来没有记住过他应该记住的歌词。

歌剧是一个非常综合的艺术。我问他是否有什么事情是他非常乐意去做的。他告诉我说有，这个事情是烹饪。他告诉我，他喜欢做一些美味佳肴，然后吃掉它们。瞧，很显然，他做这个事情有非常良好的基础。

我要他停住，想象他自己坐下来，给自己准备一餐饭，切好所有的菜，准备好各种调料。我问他，即使他没这么做，假如他想象今晚做这顿饭，他感觉愿意去做吗？

他告诉我他愿意。我问他是如何知道的。他一脸茫然。我告诉他是因为他心里有了这样的图像，然后，他开始把他的手贴近他的身体，开始做向前旋转的动作。他告诉我他刚才有一种不知所措的感觉。

我们谈了谈旋转的感受。旋转的感受不是我杜撰的事情，这是我发现的，是人们自然而然做出的事。当人们越来越快地旋转感受时，只要他们心里的想法保持不变，当然，他们的感觉也就越来越强烈。当我问起一些他正在学习的歌剧时，我问他，当下发生了什么，他说，"我内心对它有点挣扎"。

本能地，他的手开始移动到相反的方向。虽然他没有真正理解，但是他明白我正在运用的是已在人们身上用过多年的某个方法。

我们又回到之前的阶段。是时候记录这个事情详细的清单了。当我让他想想做饭时，他看的是一个地方，当我让他想想歌剧时，他看的却是其他的地方。

又一次地，图像在不同的地方。它们是不同的尺寸。一个是电影，一个是幻灯片。一个是五彩缤纷的，一个只有黑白两色。一言以蔽之，他实际上看见他自己在不情愿地学习歌剧。换句话说，他看见食物，看见自己正在吃着美味，大快朵颐。

如果你注意所有次感元的区别和感知系统的不同以及地点的不同，你就可以开始着手了。我让他想象自己拿起歌剧，把这幅图像放置在他的视野上方，这样他看见自己开心地学习着歌剧。我同时让他把动力的感受旋转得越来越快，之后，我加进去了另外的要素。

要解决问题，仅仅一个想法是不够的，你还要有恰当的步骤。我让他停住，想想他希望得到激励。我让他想象这个图像，近距离看着它，之后一个个把它握在手里，举起来，看着它，如同它是一张相片。这时，我让他举起另一只手，看看此刻他斗争的方式。

我让他想出一系列的图像，一张引出下一张，如此反复。每两张图像之间，他却能看到合乎常理的地方，它们能把他从挣扎状态引向充满动力，并最终达到乐于学习的状态。在他这个案例中，一共用了16张不同的图像。

一旦所有的步骤在他手中全部展开，从他所在的位置到他想去的地方，所有的步骤他都能看得一清二楚，我让他把这些图片推到一起成一张图像，把它拉至身体之内，越来越快地旋转动力的感受。结果，他不仅有了动力，还有了规划。人们没有得到心中所求，最大的困难是因为他们没有规划。

改变你对某事的感觉

1. 想想某个你觉得有动力做的事情。注意次感元（A）。

2. 想想某个你希望有动力去做，但是内心有挣扎的事情。注意次感元（B）。

3. 想象你希望有动力去做的事情的图像（B），把它推至远方，再后退到你感觉有动力做的事情（A）的位置和次感元。

彰显之道

4. 再次地，在你脑子里想象一个你斗争着做某个任务或活动的图像，想象它在你的左手。给它加上具体的颜色和形状。让它成为静止的图像（C）。

5. 在你的右手，想象你完成了它，并为此感觉相当兴奋。给它一个颜色和形状。让它成为静止的图像（D）。

6. 天马行空地想象这个积极美好的感觉，想象你右手的颜色和形状变得更大、更浓、更有力。加强这个感觉，直到它确实很强烈为止。

7. 想象双手之间，是你需要完成的不同的步骤的各种图像，从你斗争的图像（C）到你喜欢的事情的图像（D）。

8. 把所有的图像都放在你左右手之间，猛然把它们拍击在一起，这样左手里旧有的感受，和右手里积极的感觉合在了一起。把你的手心放在你的胸前，想象所有的感觉都在你体内。

为了实现愿望，你必须决定你要迅速行动。我们已经看了一个如何做正确决定的例子。你也许想再回顾一遍，再做尽快行动的决定。

以缴税为例。就像我们谈的很多事一样，缴税是人们非常不情愿做的事，能推迟就尽可能地推。但是，如果你能想象一张令人产生强烈渴望的图像，把你要缴税的图像移到这个位置，这时你将开始感觉喜欢做这些事情了。就这样简单。在你的大脑之内，你拥有不可思议的能力来显示任何你需要的感觉。

完成纳税

1. 想象你热衷去做的某事的大图像，仅仅想到它，这份渴望就让你垂涎三尺。注意次感元。

2. 想象这个图像的中间，是一张你缴税的小图像。

3. 想象这张小图像在瞬间变大，取代了那张较大的图像，这样你开始看见你自己在同样的地方缴税，神情非常痴迷。

4. 重复1~3步骤几次，注意当你想象在缴税时，你自己感受到的动力的感觉。

犹豫不决其实也是一个坏习惯。坏习惯的麻烦是，人们是在焦虑中激发他们自己。我上大学期间，常常对同学们推迟完成学期报告的时间之久感到惊诧不已。

离学期结束还有两个星期，他们才临时抱佛脚来备考，学期报告亦是如此。他们没有时间复习准备期末考试，他们会说："我还有六个星期的时间呢，我还有五个星期呢，我还有四个星期呢，我还有三个星期呢。"

最后，只有两个星期的时候，他们开始紧张了。还剩下一个星期的时候，他们有了足够的焦虑来激发他们自己夜以继日地学习、读书、准备各种考试。

彰显之道

在另一方面，我决定创造属于我自己的压力。我会说："天呢，如果我在学期开始的前两周事事荒废，我不得不花三个月时间学习。"相反，我马上完成了所有的学期报告。我提前读完了所有的书，把书返还书店，随着学校课程进度越接近结束，我便越感觉轻松。

差异在于，当你有压力时，你如何定义它？如果将拥有它，也许对你而言，宜早不宜迟。很多人没有计划。计划就是一切。你可以看看你的时间线，决定在何时担忧。如果你必须担忧，与其晚，不如早。能心情愉悦地做事情就更好啦。

你能将愉悦向前旋转得越多，这样你就越乐意去做这个事情，事情就越来越容易了。看着你自己正在做着某个事情，看着自己正做得不亦乐乎，如愿以偿，一步步地进入图像中，这样你有了这些感觉，这是非常简单的。你可以让这个感觉旋转得越来越快，最终拥有了它。

乐意学习

1. 想象某个你真正乐意去做的事情，创造感觉，在体内旋转它，并且加强它。

2. 想象你自己努力学习，考试发挥出色。

3. 当你想着学习和考试时，将动力的感觉旋转得越来越快。

4. 想象学习的时间所剩无几，旋转这份紧张感。

自我转变的惊人秘密

5. 当你越来越快地旋转这个紧张和动力的感觉时,再次想象考试发挥出色。

在过去的岁月里,我让许多成功的运动员坚持不懈地练习这些技巧。没有一个人不练习,因为他们都害怕失败。他们喜欢比赛。我们都有一些喜欢做的事情。往往并不是事情本身决定了它的好坏。有一些人喜欢把一串纵向数字相加。

我曾经有一个会计师来访者,他拒绝使用电脑,因为他喜欢用手计算,我一向认为这样做事太过缓慢,但是对他而言,他是相当享受的,因为这是他喜欢做的事情。如果人们能享受加数字、在船上钓鱼、在飞机上跳伞、打高尔夫等等我们人类做的所有的荒唐可笑的事情,这样的话,让你自己喜欢上所有的事情,这都是很有可能的。

你需要想想你期望在你的生活中创造出怎样的条理，然后你得决定，为了实现它，你不得不引起更多的混乱，这需要一点时间，因此你看到你自己经历了混乱。

Getting To Exercise
乐意锻炼

很多人想去锻炼身体，但就是不做。如果你真的想做某个事情，你需要使它成为重要之事。当你在大脑里练习次感元时，有一些事情如此重要以至于你不能拖延它们。有些人宣称，他们没有自律要求非得每天早上起来沐浴和刮胡须。这刚好与我相反。它们已经成为他们日常生活的一部分，如果他们不做，可能会感觉少了点什么。他们做得越多，感觉就会越来越好。

你需要建立推进系统，这样的话，你不做的事情越多，它就变得越来越令人不愉快，你开始做得越多，它的感觉就越好。推进系统的意思是，把强烈的积极的感觉附加在要做的事情上，把强烈的消极的感觉附加在不做的事情上。

它将在合适的时间开始。如果你的运动设备在你的车库里，这个感觉将从你想起它的这一刻开始，到你走出大门，直到你开始在机器上锻炼为止。你离它越近，你感觉越好。你做得越多，

自我转变的惊人秘密

你感觉越好。你越不锻炼，你感觉就越糟糕。如果你看着繁重乏味的工作，却不走近它，离开它比走向它的感觉更让人难受。

你可以为任何事建立适当的推进系统——哪怕是下楼去健身房。我曾经和某个人住了一段时间，他天天说要去健身房，时间长达一年之久，却从未见他去过一次。我读大学的时候，他一直在念叨着。我最后给他买了哑铃，但他看着它们，抱怨说他不用这些玩意儿。

事实上他让他的推进系统逆行了。他越考虑他要做的事情，他自己的感觉就越不好。他会说："我应该做这个事情，但是我没做。"翻来覆去，覆去翻来，而不是精心安排它，使得他被它吸引。控制你感觉移动的方向是次感元模式中最妙不可言的事之一。

你可以改变你对事情的感觉，因此你可以把你必须要做的事情转变为你强烈渴望的事。让你自己更有动力的一个重要的步骤是，改变你自己正在表达的语言。比如，你已经知道，你没有一直做你必须要做的，但是你也许做那些你需要做的。这些语言对你的行为有非常大的影响。当你明白了哪些对你起到积极的作用，你就可以有意识地在你需要的时候使用它们。除此之外，你还需留意内心的声音的音调、节奏等，这些将大大地激励你。

彰显之道

用语言激励你自己

1. 想象某个你发现自己非常有动力去做的事情。

2. 对自己说这些事情时，注意此刻你内在声音的音调和节奏。

3. 注意以下这些不同的词语，看看哪些更能激励你。

我祈祷　我希望　我需要　我不得不　我已开始　我必须　我应该　我能　我将要　我即将　我正在

4. 你将注意到有些词比其他词让你感觉舒服一些，更激励你一些。那就使用这些词和更能激励你的音调和节奏吧。

本书从头到尾，我举了大量的例子来教你如何改变你的感受。如果你注意某个你感觉渴望做的事与你期望感觉渴望做的事的次感元，将后者推至远方，再将它拉回到前者的次感元。这时，你将开始感觉有了做某事的愿望。这被称为飙换模式。

如果你能使用飙换模式为任何行为建立坚定的期望，你越接近这个行为，你感觉就越强烈。你做得越少，感觉就越差。它将推动你往正确的方向前进。

很多人让自己对事情感觉忍无可忍了，才不得不去做。但这不是天天奏效的。因为他们觉得刮胡须很恐怖，所以不刮，到该刮胡须的时候了,他们才肯刮。人们养成了一个良好的习惯,就会坚持下去。这并不会产生极大的宽慰,只是感觉恰当。你做了它,你会感觉良好。这就是你为什么每天早上刚起床就刷牙的原因。如果你走出房门,发现你还没刷牙,你会折回去刷牙。它成为了你的第二天性。

你越运用你的第二天性,你就越容易做成你想做的事情。你越抗拒它,就愈难完成。如果你对任何事情都抗拒,不管是慢跑,还是戒烟,抑或其他,改变它的技巧是先在你的心里改变它,让它变得容易去做。世界上数不胜数的人面临的困难并不来源于外在世界。我不是说,外在世界没有难处理的事情,我是说,大多数的困难来自我们的内心。

并没有什么东西将你与运动机阻挡起来,也没有彪形大汉每次打你、强迫你去运动机上锻炼或做某事。这样说来,是谁一直在殴打你、阻止你去运动机上锻炼呢?一定是你,确信无虞!

你必须深入内心去调整它,你想的越多,就越渴望它。你需要这样做,你越来越多地看见自己在运动机上高兴地锻炼身体,深入这个画面,这一切就越来越简单。

如何保持日常锻炼

1. 想想你拥有的一个日常习惯,比如刷牙或沐浴。注意次感元。

彰显之道

2. 想象定期锻炼。注意次感元。

3. 想象过于肥胖,慢吞吞的、没精打采、病怏怏的感觉是多么恐怖。把这个感觉附加到不想锻炼的想法上。

4. 想象如果你定期锻炼,你的感觉如何,当看起来神清气爽时,你美好的感觉又是如何。

5. 将你锻炼身体的图像推远,再使它倒回到你每天的日常习惯的图像上,当你加上愉悦的感觉后,迅速多做几次。直到感觉锻炼身体如同你的第二天性。

Getting To Be More Organized
变得更加有条理

每个人都希望一切更有条理，但是，大多数人自己却做不到有条有理。他们看着他们的生活混乱不堪，就对自己说，我应该把它理一理了，这时，他们有了一个很差的感觉，于是又避之不及。这其中有个秘密：你得走近内心，拿起一小份任务，想象它与众不同。

如果你看着储藏室，堆满了废弃物，第一件必须要知道的事情是，为了让这儿整洁有序，你必须制造出更多的混乱。你必须把每件东西都拖出储藏室。你必须挑出哪些是你还需要保存的，哪些是要丢弃的。这时，你需要决定如何把它们放回到储藏室，这样它们将被有秩序地存放着。

你需要这样做，不管是做文案，还是整理衣橱里的服装、鞋子或你的厨房。你需要走进去，做一个计划，然后行动起来，制造混乱，把所有的一切都拉出去。这意味着你需要腾出一些时间

彰显之道

来做这些事情,这是你需要完成的额外任务。如果你打开衣橱,但这时你不得不去工作,当你回来时,你整个房间乱七八糟,它只会让你歇斯底里。

你需要一件件地做这些事情,并确保它适合你自己的生活。你需要预留出时间,并使这一切都令人感觉美妙,每一天都更加轻松。这时,你可以看看自己生活在这样的天堂里,你的衣橱清清爽爽,你的鞋子放回到它们应在之处。

你需要想想你期望在你的生活中创造出怎样的条理,然后你得决定,为了实现它,你不得不引起更多的混乱,这需要一点时间,因此你看到你自己经历了混乱。如果你不认为你看起来是在享受把一切东西拉出去的过程,而想着去打网球或去海滩,那么当然,你将闷闷不乐。

但是,如果你看看它的步骤,把它分解成一步步你可以完成的,你越接近完成它,你的感觉就越好,那么这将是不一样的。第一件事是,你必须把一切东西都拉出去,挑选出你仍旧需要的,这时你需要计划你将怎样把它们放回原处。把所有的东西从你的车库里拉出来是不够的,不知道怎样处置它们也是不对的。如果你内心全无计划,你内在也将无条理,如果你内在没有条理,那么,在外在创造出秩序的难度就加大了。

这也是为什么有些人太复杂的原因。有些人常常有荒诞的想法,如果一个叉子不在原处了,是否它们会被用来做弹道导弹。

自我转变的惊人秘密

他们计划太多事情。不管你是计划太多还是太少，你并没真正有一个有用的计划，所以你要做的是，建立一个切实可行的计划。这个计划还包括如何寻找你的快乐与幸福。

诀窍在于，你看的越多，就越希望得到它。你将其纳入到你最强烈的愿望的次感元之内，迫切想做。你确保每一个单一的计划都适合你的时间表，当你完成时，你会感觉很自豪。

你的计划还应包括如何继续保持这种状态，这样你就不会到最后还一遍又一遍地重做这些重要的事情。相反，它们自行进展。你可以等到你的车完全弄脏了，然后马马虎虎地抹一遍，搞得好像这是一辆四轮驱动车。但是，你应该在泥浆变硬前去洗掉它，如同清洗自己一样。

你不必等到身上散发出难闻的气味或脏兮兮的时候才去洗澡。你起床，把自己弄得干干净净的。这不是挣扎。它形成了一个良好的习惯。如果你计划拥有好习惯，你就会有，如果你不这样做，你就不会有。

如果你认为这样很难做到，那它必定如此，如果你认为这仅仅是生活的自然次序，那么它将很容易。我建议你让事情更容易一些，而不是计划让它们更难处理，因为如果你计划得复杂，它们就真的很复杂。如果你计划并且相信它们会很容易，它们就越来越容易了。

踌躇未定的人，只好等候，等候，等候，再等候。你等待的时间越长，你越不会去完成它。

彰显之道

变得更有条理的练习

1. 想想你生活中哪个方面,你期望更有条理一些,并且想一想,如何条理化这一切。给任务预留足够的时间。

2. 想象一下,你自己把所有的东西都取出来了,看着这一切,把挑选出来的东西分放在不同的区域。想象你自己整理好了这一切,并且把它们放回原处,次序井然。看着你自己享受这整个过程。

3. 把挑选出来的一切分门别类。下一步,把这一切按新的次序放回原处。

4. 建立一个规则,以便你能长期有条理地存放东西,并且定期监督你自己。

Getting To Make More Money
赚取更多的财富

　　每一个人都告诉我他们想赚更多的钱。

　　即使是我见过的富可敌国的人也想赚更多的钱。但这儿没有现成的答案，因为它取决于你在哪里和你正在做的。我敢肯定的一个规则是，如果别人是计时给你付薪酬，那么你唯一的出路是，工作时间越长，挣的就越多。

　　你需要找到某种方式，利用你自己的资源，并且投资这些资源。有些人投资于股票市场，但最稳妥的是，你了解股票市场，并且在真正投钱进去前演练多次。有些人买老房子，再重新装修，我曾经这样做过。我当时购买了古老的、廉价的房子，将它们翻新，增加了一个房间，刷上新漆，将花园修葺一新，然后再把它们出售获利。因为我有朋友是房地产商，我知道怎样操作这个过程，所以才有可能赚钱。但是，如果是你，可能会赔钱。

　　人们所犯的重大错误在于，甚至是亿万富翁，当他们的企业

彰显之道

做到行业翘楚的时候,有人来告诉他们有另外的机会,他们对此没有任何经验——他们就这样跳进去了。宁可放弃他们在专业领域长期积累所拥有的敏锐度和良好决策力,他们选择了相信旁人。问题是当他们这样做时,他们毫无把握,无法判断所选择的到底是对还是错。他们冒的是亏大钱的风险。

我有一个朋友,他拥有十个停车场,对整个汽车行业了如指掌。有人来劝他在其他领域投资。他征求我的建议,声称:"我可以在这赚数百万!"我回答:"是啊,但是你也可以在正在做的项目上赚到这样多。为什么不考虑将你的钱再投资二十个停车场呢?你知道你将要做什么,但如投资在其他领域,你知道将发生什么吗?"这不仅是对亿万富翁们的金玉良言,对我们所有人都同样如此。

我是一个非常热衷自我创业的人。我认为,即使一个人有了一份工作,他们也应该做点小生意作为副业,特别是如今互联网迅速发展,这给我们每个人拥有一个小企业提供了天赐良机。做点小东西开始在网上销售或提供服务——你可以将它发展为你自己的企业——这样你不仅仅是按小时工作。用不了多久,你可以按小时雇用其他人。这是非常有前景的事。

一共有两种收入来源,分持续性收入和基于时间付薪水的收入。成千上万的人在一个职位上工作,并最终得到提升,然后再提升。如果你选对了行业,最终你可以做得相当不错。但如果你

自我转变的惊人秘密

选错了，你花了一辈子的时间在工作，做着同样的事情，因为你没有信念，不相信你自己可以把一粒种子培育成参天大树。

在这个星球上，尤其是自由的社会，机会比比皆是无处不在。唯一能够阻止大多数人的是信念的缺乏，认为他们只能做一些简单的事。他们不必放弃他们正在做的，他们只是必须开始了。

如果你建立了正确的信念和看待事情的方法，如果你计划完善，不做你不了解的事，不能单凭别人说你是个赢家，你就能取得企业的成功。你需要确保与你交谈的人他自己已经真正做到了。

使我惊奇的是，你会碰到这样的人，他们从十几岁到退休一直成功地经营着企业，你们坐下来，你向他们请教，他们会告诉你想知道的一切。他们十几年如一日这样做的原因不是为了赚钱，而是因为他们喜欢工作。我碰到过很多大企业的高管，他们告诉我如何做生意，在潜在的错误、陷阱和容易疏忽的问题上，给我提出了很多宝贵的建议。

大多数人刚开始创业时都不够敏锐，他们往往让他们的会计师或律师加入董事会，这是一个大忌讳。相反，找到已经成功的人，让他们成为你的顾问。他们之所以成功是因为他们有能力成功。你不能指望别人——律师或会计师——从来没有在商业中成功过的人能够给予中肯的意见。董事会理应指导你如何取得成

彰显之道

功。你应该找你不认识的与你没有任何感情瓜葛、投资兴趣广泛并有成功经验的人。如果你有这方面的专业技能，就没有必要听别人的说教。你应该是个决策者，当你不具备专业知识的时候，找个会的人来做。

地球上的有钱人不计其数。在我小时候，周围的有钱人寥寥无几。现在大街小巷到处是成功人士。这其中，有很多已退休的成功人士非常乐意分享他们过去成功的秘密。

有些银行的工作人员会建议你如何合理地增加更多的存款。然而，至于如何把这些你从他们那里得到的贷款花在刀刃上，他们就无法真正给你很好的建议了，除非他们不在银行工作。他们只能告诉你和银行业务相关的——人们只能告诉你他所知道的。如果你记住这一点，假如你与足够多的人交谈，得到了足够多的明智的建议，你就可以有所进展。但是如果你终日坐在家里抱怨说，"我永远无法做到这一点，没什么会发生"，那么，你也将是对的。

走出去了解你所未知的，学习它，并花大量时间来做。我知道，许多人是从零开始学起，现在坐拥无数。我建议你成为其中之一。

赚更多钱的练习

1. 在你内心建立你是有钱人的信念。
2. 你可以回溯过去，看看你最坚定的信念的次感元是什么。

自我转变的惊人秘密

想象你在不久的将来成为一名成功人士，将这个画面挪开，并后移到坚定信念的次感元这里。这样反复多做几次。

3. 你赚钱的基础是在你了解的领域上，而不是你一无所知的事情。

4. 不管任何你需要知道的生意或机会，深入研究它，你要对一切都一清二楚。

5. 找一个曾在你做的生意上成功过的导师，向他们请教操作上的所有问题。

6. 常常问问你自己，你将如何给这个世界锦上添花，并准备比以往任何时候都更有效率地工作。

Getting To Make Big Decisions
做好重大决策

做重大决定，比如你准备在今后的岁月做什么？这对很多人来说，是一个挑战。他们来找我说："我必须决定我今后要做什么！"我总是先问："你明天打算做什么呢？"他们总是看着我，茫然地说："嗯，我明天得去工作……"我说："我并不是这个意思。我的意思是，你明天希望做什么呢？假如你在一份工作与另一份工作之间只有一个小时，这些空余时间你打算做些什么呢？如果你连这一个小时如何快乐地度过都不知道，你又如何管理你今后的生活呢？"

人们总是告诉我，他们想赢彩票，因为如果他们有了几百万美元，他们将会喜上眉梢，非常开心。然而，我有很多特别有钱的客户，他们却过得相当凄惨。钱未必使你快乐。如果你有一千美元都无法开心，当有了一百万，你又怎么会开心呢？

自我转变的惊人秘密

有些人总认为，当他们有钱的时候，事情就容易多了。但是也许恰恰相反——拥有了数不清的钱，你不得不做更多的决定，比如你打算拿这些钱去做什么，你打算怎么保管它，你打算怎么花这些钱，你得决定哪些人能够信任，哪些人不可靠。

有些人可能会说："我要周游世界！"首先，如果是做短途旅游，你会喜欢吗？如果你离开你的家，去了印度，那儿素昧平生，处处碰壁，你会满意吗？旅游是一项技能。你应该一小步一小步开始，真正擅长一项后，再开始更大的下一步。

你不必承诺你自己花上十五年时间去旅游，做一个两周的旅行，如果你喜欢，下一次就去一个月。当你身在异乡，你将如何怡然自得，玩得开心呢？应围绕这些来列计划。它们不必来自旅行社，应与你所处的这些环境有关。你已经看了够多的电视和电影了，交流的人也够多了，去找找要做的是什么吧。

如果你到了国外只是饱览风光而已，你必定玩得不够有兴致。有些人喜欢在巴士上旅游，因为他们可以和人们交流，有的人却讨厌巴士。你需要决定你喜欢做的事情是什么。你一旦知道了，你就可以依循计划而行动啦。

你要能够做白日梦。例如，当人们正在选职业时，让我非常惊讶的是，他们从来不看看别人是如何从事这个工作的。我曾经

彰显之道

问过医学院的人,他们是否去医院逛过,所有的人都很好奇:"为什么?"我说:"因为你想成为一名医生!在你开始拥有私人诊所前,有很长一段时间,你将要在医院工作。你也许终生在医院工作。了解一些与你即将从事的工作有关的东西,难道不更好吗?"如果你成为一个医生,你就可以成为有钱人,是这样吗?其实有很多压力小的致富之路。

如果你认为得到了某个东西会让你幸福,这个想法注定是要落空的。如果你打算为今后的生活做点什么的话,最好做一些你真正喜欢的事情,而不要一年之内只给自己两周的时间去享受你真正爱做的事情。

当权衡对与错的决定时,不要同看幻灯片或多张静态图像一样看着它们,应如同看长篇电影,一天天地放映。如果你打算去找工作,你应该在清晨起床,一整天地做这个事情。如果连对它喜欢的可能性都寥寥无几,你就麻烦了。你的工作会带来相当多的好处,不仅仅是一个,而是数不胜数。

我发现很多人从来不曾考虑,他们连五个起码的有吸引力的选择都没有,就迫不及待地把自己卖出去了,而且他们的选择也不是建立在足够经验的基础上。你需要同那些实实在在做这些事的人交流,发现他们每天在做什么。人们计划去旅游,但是他们需要知道,当他们到了之后,下步该做什么。

我自己第一次去度假的时候,我去了墨西哥。在去那里的路

自我转变的惊人秘密

上,我是同一对相当富裕的夫妇一起,我们驾驶着一辆大篷车。一路上,这位女士谈论的全部是她准备去买墨西哥当地的毛毯。当我们到了那之后,我满脑子萦绕的是买一个毛毯,因为我以为这就是你来墨西哥要做的事情。当我下车后,那里琳琅满目招人喜爱的物品令人应接不暇。我后来离开了大篷车,因为他们忙着购买当地的特产,像雕像、稀奇古怪的帽子等等。这些都是我用不上的东西。我发现这是一个完全让我陶醉的世界。

我最喜欢的事情是和当地居民交流。即使他们不会说英语,我喜欢听他们讲。我的西班牙语不是特别好,但当我回来时,我讲得更流利了。如果你真正在听别人讲话,就很容易明白他们在说什么——尤其是英语和西班牙语,因为它们是非常相似的语言。西班牙语中的"Atencion"与英语中的"attention",意思相当接近。如果你专心听别人讲话,并且观察他们的动作,留意他们所喜欢的,这样你玩的选择就更多更好了。

有一次,我在湖上,有一个家伙在捕鱼。我观察了他一会儿,然后我也去捕鱼了,我捉了一些鳟鱼。我从来没捕过鱼,我是在城市长大的男孩。唯一的供水来源是水湾水坝,那儿到处是禁止捕鱼的警告,因为含汞量超标,这些鱼都能让人致命!这都是因为我们过去常常把污物倒入我们的供水源。在我还小的时候,大家的观念是水源是无法被污染的,污染物会以某种方式神秘地消失——我们现在知道的更多了。不把污物倒入我们喝的水里，这是一个非常好的理念。

当制定重大计划的时候，要考虑它是否对未来有影响，一个个地分析。看着自己在这样的情况下，想象会发生什么。当你到了那里，事情处处都要比你预期的好很多，这就是好事。但可能有些事情会更糟，那些就要避免了。

做好人生的决定

1. 想想你曾经做过的决定。找出次感元，它是否适合你在本书早些时候所引出的好或坏的决定的次感元。

2. 想象每一个决定所带来的不同的潜在结果。如同看着一部播放到未来的电影，看着每一个决定对你整个生命所产生的全部的影响和结果。

3. 回顾电影里的每一个决定，看看哪个决定最适合你。

4. 把这些决定可能产生的消极后果也纳入考虑范围内，并决定你将怎样处理这些问题。

旅游小贴士

1. 决定你想去哪里旅游，以什么方式旅游。问问自己，为什么想去旅游。

2. 了解所有你需要的信息。怎样到达那里，你要带些什么，当你到那里时你要做些什么，你住哪里等等。

自我转变的惊人秘密

3. 你必须要考虑的一点是，确保在走之前你完全安排好你的工作，以便你能全然享受你的旅行。

4. 获得大量的新经验，尽可能多地与人相识。

你会发现，一旦你有了生活的动力，你将被指引着走上更高追求的人生之路。当你对未来越来越期望和兴奋的时候，你越盼望着未来。这样，你将越来越容易地掌控你的观念、感受甚至你的人生。未来处处充满机会，你越对它们先知先觉，你的人生将越来越华丽精彩，你将会发现，生活的奇迹无处不在，远远超乎你的想象。

尾 声

到现在为止,我在本书中介绍了各种方法来改变你内在的世界,这样你更加能够驾驭你的大脑。当你控制你的感受时,你将能掌控你正在做的事情。如果你改变了你的思考方式,你的感受也将随之改变,而它,将改变你的行动方式。

当我在近四十年前开始研究 NLP 时,人们总是从心理学的角度来分析问题。他们希望知道为什么你有这样的问题,认为如果他们知道了问题的来源,他们将有不可思议的改变。我创建的行为学发现了人们是如何把事情成功地完成,他们如何开始,如何进展,如何完成一件事情,这些决定了人们是否更有效率地生活。

我在本书中介绍的不仅仅是如何掌控生活的经验,而是教你如何掌控你的想法、感受以及时间,这样生活将变得更加多姿多彩。这不是哲学,也不是一种意识形态,也不是一种宗教信仰。

自我转变的惊人秘密

　　这只是让事情变得更加容易的一套工具。你能让你的内心越来越轻松，也能让你头脑外的事情越来越容易。它不仅让你过的越来越自由自在，对你周围的人也同样适用。它将让你生活得更加幸福美满。

　　如果你没有运用本书中介绍的所有模式（我的工作成果），那么它们将没有任何价值。你曾经克服了一个电梯恐惧症，这是不够的。你需要走近电梯，直到你真正确定你不再恐惧为止。如果你等待太久，它也不起作用。你也许不害怕，但是如果你不这样做的话，那么你的生活将无法拥有你想要的自由。它将带你实现这种自由，这样你就能驾驭你的人生。

　　你的大脑一直在运行着，它要么往你期望的方向运行，要么到处跑。如果你不能控制你的想法和你头脑里的图像，你的感觉就不会很好。组织和管理你的想法及时间是非常重要的，甚至还包括管理你的睡眠，这样，当你晚上躺下时，你将告诉自己，你会很容易地入睡。我知道有的人花数小时告诉他们自己，他们睡不着，这样将使他们更加清醒，无法入睡。

　　你越学会控制你内在声音的音量，并有条不紊地放置图片，学会选择哪些是你准备相信的，哪些是你不打算相信的，你就越能掌控你自己的心理进程，就越能掌控你的生命。

　　这本书仅仅是我个人对于如何控制你自己的建议，以一种良好的方式，不仅控制你想要做的事情，还包括你的生命。如果你

尾 声

的思想、感受、意识以及你的潜意识的心愿方向都是一致的，那人类就没有无法实现的事情了。

在我出生时，人们常常把不可能做到的事情与把人类送上月球来对比。然而，在短短的时间内——我出生十五年内——就有一个人登上了月球，并且俯瞰着地球说，这是"人类的一大步"。

事实是，由空间项目开发出的各种层出不穷的副产品中，其中一个是一次性注射器。它将有助于消灭地球上的天花疾病。当我们把巨大的任务摆放在我们面前，并将我们所有的资源投入到其中，副产品往往让我们获益多多。

对你自己的生活亦如此。当你做出宏伟远大的目标时，不管你是否实现它们，这一路所发生的事情将使得你的生命璀璨夺目。你遇见的人，你完成的事情，你越不在恶性循环上浪费时间，与你自己作斗争，你将越来越容易顺利地把事情做成，并且勇于尝试新鲜事。有些事情的结局将精彩异常，无与伦比。我希望你在此学到的这一切使得你的生活越来越轻松简单。

如果是这样的话，请与我分享。我喜欢收到所有美好反馈！非常感谢。

理查德·班德勒

词汇表

以下是本书中谈到的一些与 NLP 有关的术语列表。

听觉感观（Auditory）：与感知声音有关。

行为（Behavior）：我们采取的具体行动。

调正（Calibration）：通过观察他人的行为及他们内在反应与行为的关系，学习解读他人无意识的、非语言的反应过程。

一致性（Congruence）：当一个人的信念、心理状态、行为与渴望的结果朝向完全一致。

意识（ConsciousMind）：当你警觉和有意识时，你的思维工作的部分。它是你关键性的才能，你推理与逻辑的来源。当你醒着的时候，它一直在运行，它一直关注特别的想法。它主要由潜意识的自动化过程所控制。

准则（Criteria）：做决策时所依循的价值观。

人体工程设计学（DesignHuman Engineering）：班德勒博士在

词汇表

20世纪80年代末90年代初创立的技术和进化工具,致力于开发我们的大脑潜能。

味觉感官(Gustatory):与感知味道有关。

催眠(Hypnosis):NLP中的一个技巧,也可单独使用。催眠是直接将人引导到潜意识状态的过程,它有意通过暗示性语言,让人直接与潜意识沟通,这是改变人的最强有力的一种方法。

肌肉运动知觉(Kinesthetic):与身体的感觉有关。

检定语言模式(Meta Model):由理查德·班德勒和约翰·格林德开发出来的模式,通过提问,使人们将信息具体、明晰化,打开并丰富个人世界。

处事模式(Meta Program):排序和组织信息及内在策略的学习过程。

米尔顿模式(Milton Model):又称提示语言模式。由理查德·班德勒和约翰·格林德开发出来的一套模式,由米尔顿·艾瑞克森及其他临床催眠师们所用的催眠技巧模式。

神经催眠重构学(Neuro-Hypnotic Repatteming):通过催眠,在脑皮层组织层次重构人的一种技术。

神经语言程式学(即NLP:Neuro-Linguistic Programming):一种态度、方法和技术,教人们如何改善他们的生活质量。它是一种教育的工具,教导人们如何更有效地与自己和他人沟通。它旨在帮助人们在思考、感觉与行为方面拥有个人自由。

自我转变的惊人秘密

亲和力（Rapport）：在关系中信任与协调的存在。

表象系统（Representational Systems）：我们从外在世界获取信息的五个系统。通过这些系统（我们的五感），我们创造了我们所领会的信息的表现。

状态（State）：一个人在特定时间不断进行的全部的精神、情感、身体状态。

策略（Strategy）：为实现目标所采取的一系列思维和行为步骤。

次感元（Submodalities）：通过我们的表象系统重构感觉的特性。

时间线（Time lines）：我们内在给时间编码的方式。我们过去的、现在的、未来的图像在我们知觉的空间某处呈现出来。有些人在他们左边呈现出他们的过去，右边呈现出未来。它被称为穿过时间。有些人在他们的前方呈现出未来，后面呈现出过去。它被称为在时间中。很多人都混合了这两种模式。

出神（Trance）：催眠后的普遍状态。它也是集中思维思考的状态。我们经常处在各种不同的出神状态中，而这主要取决于我们的大脑当时所专注的方面（电视、驾驶、饮食等）。

潜意识构建（Unconscious Installation）：通过与他们潜意识思维的交流，将技能、创意、建议安装入人的大脑的过程。

潜意识思维（Unconscious Mind）：你的大脑一直在工作的部

词汇表

分。它引起你做梦，并管理你的身体机能，比如心跳、呼吸及惯常的行为模式。它包含你所有的记忆、智慧及感知能力。它让思维和行为自动运行，因此，这是使改变永久化的最好的地方。

优良状态（Well-Formed Outcome）：根据良好的条件所设定的目标。这些条件是，个人目标必须是积极的、具体的，感官为基础的、环保的、可持续发展的。

视觉感官（Visual）：与对光线的感知有关。